Zur Einführung.

Die Werkstattbücher behandeln das Gesamtgebiet der Werkstattstechnik in kurzen selbständigen Einzeldarstellungen; anerkannte Fachleute und tüchtige Praktiker bieten hier das Beste aus ihrem Arbeitsfeld, um ihre Fachgenossen schnell und gründlich in die Betriebspraxis einzuführen.

Die Werkstattbücher stehen wissenschaftlich und betriebstechnisch auf der Höhe, sind dabei aber im besten Sinne gemeinverständlich, so daß alle im Betrieb und auch im Büro Tätigen, vom vorwärtsstrebenden Facharbeiter bis zum leitenden Ingenieur, Nutzen aus ihnen ziehen können.

Indem die Sammlung so den einzelnen zu fördern sucht, wird sie dem Betrieb als Ganzem nutzen und damit auch der deutschen technischen Arbeit im Wettbewerb der Völker.

Bisher sind erschienen:

Heft 1: **Gewindeschneiden.** Zweite, vermehrte und verbesserte Auflage. Von Oberingenieur O. M. Müller.

Heft 2: **Meßtechnik.** Zweite, verbesserte Auflage. (7.—14. Tausend.) Von Professor Dr. techn. M. Kurrein.

Heft 3: **Das Anreißen in Maschinenbauwerkstätten.** (7.—12. Tausend.) Von Ing. H. Frangenheim.

Heft 4: **Wechselräderberechnung für Drehbänke.** (7.—12. Tausend.) Von Betriebsdirektor G. Knappe.

Heft 5: **Das Schleifen der Metalle.** Zweite, verbesserte Auflage. Von Dr.-Ing. B. Buxbaum.

Heft 6: **Teilkopfarbeiten.** (7.—12. Tausend.) Von Dr.-Ing. W. Pockrandt.

Heft 7: **Härten und Vergüten.** 1. Teil: Stahl und sein Verhalten. Zweite, verbess. Auflage. (16.—17. Tausd.) Von Dipl.-Ing. Eugen Simon.

Heft 8: **Härten und Vergüten.** 2. Teil: Praxis der Warmbehandlung. Zweite, verbesserte Auflage. (16.—17. Tausend.) Von Dipl.-Ing. Eugen Simon.

Heft 9: **Rezepte für die Werkstatt.** (7.—10. Tausend.) Von Ing.-Chemiker Hugo Krause.

Heft 10: **Kupolofenbetrieb.** Von Gießereidirektor C. Irresberger.

Heft 11: **Freiformschmiede.** 1. Teil: Technologie des Schmiedens. — Rohstoffe der Schmiede. Von Direktor P. H. Schweißguth.

Heft 12: **Freiformschmiede.** 2. Teil: Einrichtungen und Werkzeuge der Schmiede. Von Direktor P. H. Schweißguth.

Heft 13: **Die neueren Schweißverfahren.** Zweite, verbesserte u. vermehrte Auflage. Von Prof. Dr.-Ing. P. Schimpke.

Heft 14: **Modelltischlerei.** 1. Teil: Allgemeines. Einfachere Modelle. Von R. Löwer.

Heft 15: **Bohren.** Von Ing. J. Dinnebier.

Heft 16: **Reiben und Senken.** Von Ing. J. Dinnebier.

Heft 17: **Modelltischlerei.** 2. Teil: Beispiele von Modellen und Schablonen zum Formen. Von R. Löwer.

Heft 18: **Technische Winkelmessungen.** Von Prof. Dr. G. Berndt.

Heft 19: **Das Gußeisen.** Von Ing. Joh. Mehrtens.

Heft 20: **Festigkeit und Formänderung.** Von Studienrat Dipl.-Ing. H. Winkel.

Heft 21: **Einrichten von Automaten.** 1. Teil: Die Systeme Spencer und Brown & Sharpe. Von Ing. Karl Sachse.

Heft 22: **Die Fräser.** Von Ing. Paul Zieting.

Heft 23: **Einrichten von Automaten.** 2. Teil: Die Automaten System Gridley (Einspindel) u. Cleveland u. die Offenbacher Automaten. Von Ph. Kelle, E. Gothe, A. Kreil.

Heft 24: **Der Stahl- und Temperguß.** Von Prof. Dr. techn. Erdmann Kothny.

Heft 25: **Die Ziehtechnik in der Blechbearbeitung.** Von Dr. Ing. Walter Sellin.

Heft 26: **Räumen.** Von Ing. Leonhard Knoll.

Heft 27: **Einrichten von Automaten.** 3. Teil: Die Mehrspindel-Automaten. Von E. Gothe, Ph. Kelle, A. Kreil.

Heft 28: **Das Löten.** Von Dr. W. Burstyn.

Heft 29: **Die Kugel- und Rollenlager (Wälzlager).** Von Hans Behr.

Heft 30: **Gesunder Guß.** Von Prof. Dr. techn. Erdmann Kothny.

Heft 31: **Gesenkschmiede.** 1. Teil: Arbeitsweise und Konstruktion der Gesenke. Von P. H. Schweißguth.

Heft 32: **Die Brennstoffe.** Von Prof. Dr. techn. Erdmann Kothny.

Heft 33: **Der Vorrichtungsbau.** I: Einteilung, Einzelheiten u. konstruktive Grundsätze. Von Fritz Grünhagen.

Heft 34: **Werkstoffprüfung (Metalle).** Von Prof. Dr.-Ing. P. Riebensahm und Dr.-Ing. L. Traeger.

Heft 35: **Der Vorrichtungsbau.** II: Bearbeitungsbeispiele mit Reihen planmäßig konstruierter Vorrichtungen, Typische Einzelvorrichtungen. Von Fritz Grünhagen.

Aufstellung der in Vorbereitung befindlichen Hefte s. 3. Umschlagseite.

Jedes Heft 48—64 Seiten stark, mit zahlreichen Textabbildungen.

WERKSTATTBÜCHER
FÜR BETRIEBSBEAMTE, VOR- UND FACHARBEITER
HERAUSGEGEBEN VON EUGEN SIMON, BERLIN
====== HEFT 36 ======

Das Einrichten von Halbautomaten

Die Einspindel-Maschinen System Potter & Johnston
und Monforts, die Mehrspindel-Maschine
System Prentice

Von

J. van Himbergen   **A. Bleckmann**
Oberingenieur   Ingenieur

A. Waßmuth
Oberingenieur

Mit 45 Figuren im Text

Berlin
Verlag von Julius Springer
1928

ISBN-13:978-3-7091-9721-9   e-ISBN-13:978-3-7091-9968-8
DOI: 10.1007/978-3-7091-9968-8

Inhaltsverzeichnis.

	Seite
Vorwort des Herausgebers	3

Der Halbautomat System Potter & Johnston (Bauart Pittler).
Von Oberingenieur J. van Himbergen.

	Seite
I. Beschreibung der Maschine	4
A. Antrieb der Drehspindel	4
B. Selbstgang des Revolverkopfschlittens	7
C. Schaltung und Einstellung des Revolverkopfes	10
D. Selbstgang der beiden Quersupportschlitten	11
E. Antrieb der Steuerwelle für die selbsttätigen Umschaltungen der Drehspindelgeschwindigkeiten und der Längs- und Querbewegungen der Schlitten	13
F. Antrieb der Kühlpumpe	13
G. Besondere Einrichtungen der Halbautomaten	13
II. Einstellen der Halbautomaten	14
A. Bedienung der Maschine	14
B. Allgemeines über Einrichten	16
C. Aufstellung eines Arbeitsplanes	16
D. Aufstellung einer Berechnungstafel	17
E. Das Einrichten des Halbautomaten	19
III. Weiteres Bearbeitungsbeispiel	35

Der Monforts-Halbautomat.
Von Oberingenieur A. Bleckmann.

	Seite
I. Konstruktiver Aufbau des Halbautomaten	28
II. Einrichten des Halbautomaten	35
III. Leistungsberechnung	41
IV. Weitere Beispiele	43

Der Mehrspindel-Halbautomat System Prentice (Bauart Gildemeister & Comp. Act.-Ges., Bielefeld).
Von Oberingenieur A. Waßmuth.

	Seite
I. Beschreibung und Arbeitsweise	45
II. Das Einrichten der Maschine	50

Alle Rechte, insbesondere das der Übersetzung in fremde Sprachen, vorbehalten.
Copyright 1928 by Julius Springer in Berlin.

Vorwort des Herausgebers.

Die Halbautomaten — zwischen den Revolverbänken und den Vollautomaten stehend — sind vor etwa 25 Jahren zuerst in Amerika und England (Potter & Johnston, Herbert) entstanden, also lange nach den Vollautomaten. Sie sind jedoch nicht etwa als eine Rückentwicklung der Vollautomaten zu den Revolverbänken hin anzusehen, sondern als eine Weiterentwicklung, mit dem Ziel, die günstigen Erfahrungen der Werkstatt mit der Stangenarbeit der Vollautomaten auch für größere Werkstücke auszunutzen, die aus Stahl oder Messing vorgepreßt, aus Grauguß, Temperguß, Stahl oder Aluminium gegossen oder von dicken Stangen abgetrennt im Futter bearbeitet werden müssen. Da es sich dabei fast immer nur um die Bearbeitung kleinerer oder größerer Reihen handelt, hat man bewußt auf selbsttätige Ein- und Ausspannung verzichtet, weil sie kostspielige, oft zu ändernde Einrichtungen verlangte, also unlohnend wäre; man hat vielmehr nur die eigentliche Bearbeitung, einschließlich Vorführen, Zurückführen, Schalten und Verriegeln des Revolverkopfes und der Quersupporte, sowie das Stillsetzen der Maschine selbsttätig geregelt, dagegen das Ausspannen des fertigen und das Einspannen des rohen Werkstückes dem Arbeiter überlassen. Neuerdings wird diese Arbeit auch noch durch Preßluftspannfutter wesentlich abgekürzt und erleichtert.

Das Ergebnis: der Halbautomat schont nicht nur die Zeit, sondern ebenso — wenigstens bei schweren Stücken — die Arbeitskraft des Mannes. Denn mit dem Bau immer schwererer Revolverbänke stieg — sogar unverhältnis rasch — die Anstrengung, den schweren Revolverkopf und die Quersupporte vor- und zurückzubringen. Andererseits hatten Konstruktionen, die von der gewöhnlichen Revolverbank ausgingen und nur diese Bewegungen mechanisierten, dagegen das Festschließen des Revolvers und das eigentliche Arbeiten dem bedienenden Mann überließen, wenig Erfolg und konnten sich neben den neuzeitlichen Halbautomaten, von denen mehrere mit Leichtigkeit von einem Mann bedient werden können, nicht halten.

Die ersten deutschen Halbautomaten von 1904 nach dem System Potter & Johnston glichen in der Steuerung den Spencer-Automaten[1], hatten also das Mehrkurvensystem. Seit 1910 werden sie jedoch fast ausnahmslos nach dem Einkurvensystem ausgeführt, so daß das lästige Auswechseln und Berechnen der einzelnen Kurvenplatten fortgefallen ist. Die Konstruktion ist jetzt zudem ganz geschlossen, so daß Späne auf die Vorschubkurven und die Übertragungsräder nicht herunterfallen können.

Der Konstrukteur des Monforts-Halbautomaten schlug 1918 ganz neue Wege ein, so daß wir es bei dieser Maschine mit einer völlig selbständigen deutschen Konstruktion zu tun haben.

Von den mehrspindligen Halbautomaten sind die mit umlaufenden Werkstücken von denen mit umlaufenden Werkzeugen zu unterscheiden. Die Konstruktion mit umlaufenden Werkstücken ist in Heft 27 zugleich mit den 4 spindligen Vollautomaten nach System Acme erledigt. Von der Konstruktion mit umlaufenden Werkzeugen wird in diesem Heft nur die in Deutschland verbreiteste Ausführung mit 4 Werkzeugspindeln und 5 Spannstellen am schaltbaren Revolverkopf behandelt werden.

---

[1] vgl. Werkstattbücher. Heft 21, S. 5, Fig. 2.

Der Halbautomat System Potter & Johnston (Bauart Pittler)[1].

Von Oberingenieur J. van Himbergen.

I. Beschreibung der Maschine.

A. Antrieb der Drehspindel.

Die Drehspindel und die gesamte Maschine wird durch die Riemenscheibe *1* (Fig. 11) angetrieben, die ihrerseits von dem Deckenvorgelege *V* aus getrieben wird, oder bei elektrischem Antrieb über das große Zahnrad *1a* (Fig. 6) und ein Zwischenzahnrad von dem Elektromotor V^1 mit Zahnritzel. Die Riemenscheibe *1* oder das Antriebszahnrad *1a* sind mit der Antriebswelle *2* fest verbunden (Fig. 3 u. 6). Durch die Zahnräder *3* und *4* wird die Schwinghebelwelle *5* des hinteren

Fig. 1. Halbautomat. System Potter & Johnston.

Räderkastens angetrieben. Die Zahnräder *3* und *4* haben verschiedene Zähnezahlen (z. B. 21 und 30 Zähne) und können, um andere Umdrehungszahlen der Drehspindel zu erreichen, gegenseitig ausgewechselt werden (Fig. 3). Auf der Schwinghebelwelle *5* kann das Zahnrad *6* mit dem Schwinghebel *7* und dem Zwischenrad *8* gleiten und die Bewegung auf eins der vier Zahnräder *9, 10, 11* oder *12*, die auf einer gemeinsamen Laufbüchse *13* sitzen (Nortongetriebe), übertragen, indem der Schwinghebel *7* mit dem Handknopf *A* in einem der vier Schlitze *I—IV* am hinteren Räderkasten festgestellt wird (Skizze bei Tabelle 1 S. 6).

---

[1] Siehe Vorwort des Herausgebers zu „Einrichten von Automaten 1. Teil" (Heft 21).

Die Vorgelegezahnräder *9*, *10* und *11* sind mit den Zahnrädern *14*, *16* und *18*, die leer auf einer Kupplungswelle *20* laufen, stets in Eingriff. Durch die linke Reibungskupplung *15* kann das Zahnrad *14* und durch die rechte Reibungskupplung *17* das Zahnrad *16* mit der Kupplungswelle *20* verbunden werden. Das

Fig. 2. Halbautomat. Hintere Ansicht.

große Zahnrad *18* besitzt dagegen eine Überholungskupplung *19*, die das Zahntrieb *21*, das mit der Kupplungswelle *20* fest verbunden ist, antreibt. Wird dagegen in der Stellung *IV* das Zahntrieb *12* angetrieben (Fig. 3), so wird die Bewegung, je nachdem wie gekuppelt wird, durch die Zahnräderpaare *9—14*, *10—16* oder *11—18* übertragen. Die Kupplungswelle *20* mit dem Zahntrieb *21* kann also durch das Verstellen des Schwinghebels *7* mit dem Handknopf *A* und durch das Ein-, Aus- und Umschalten der beiden Reibungskupplungen *15* und *17* zwölf verschiedene Umlaufgeschwindigkeiten in einer Richtung erhalten, die durch den Eingriff des Zahntriebes *21* in das große Zahnrad *22* und durch eine Klauenkupplung *23* auf die Drehspindel *24* übertragen werden ohne die Anwendung von besonderen Wechselrädern. Durch das Umstecken der ersten Antriebszahnräder *3* und *4* an der Antriebsriemenscheibe *1* können die Anzahl der Drehspindelumdrehungen auf das Doppelte, also auf 24 erhöht werden.

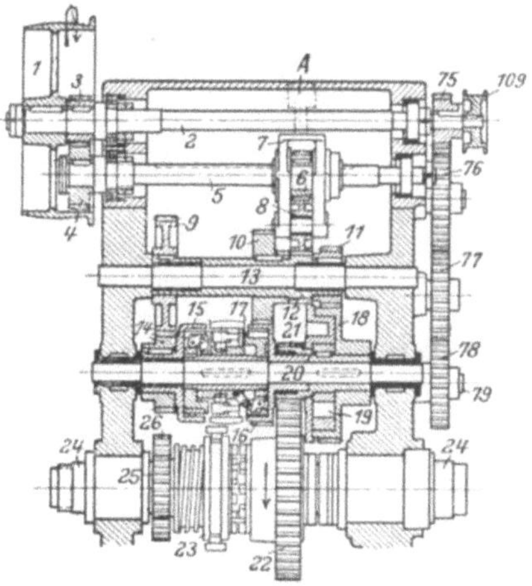

Fig. 3. Antrieb der Drehspindel und des schnellen Ganges für den Revolverkopfschlitten.

Aus Tabelle 1 gehen die Umdrehungszahlen der Drehspindel *24* hervor, bei einer Annahme von 300 Umdrehungen in der Minute für die Antriebsriemenscheibe *1*. Die römischen Zahlen *I—IV* geben die einzelnen Stellungen des Schwinghebels *7* mit dem Handknopf *A* an.

Bei der selbsttätigen Bearbeitung eines Werkstückes darf der Schwinghebel *7* mit dem Handknopf *A* nicht verstellt werden, so daß von den vorhandenen zwölf Drehspindelgeschwindigkeiten nur drei für die selbsttätige Bearbeitung eines

Tabelle 1. Umdrehungszahlen der Drehspindel.

Zähnezahl			i^1				i^2			
	des Zahnrades 3:		21 Zähne				30 Zähne			
	des Zahnrades 4:		30 Zähne				21 Zähne			
			Stellung des hinteren Schwinghebels mit Knopf A in:							
Stellung des dopp. Kupplungshebels R:			I	II	III	IV	I	II	III	IV
			Umdrehungen der Drehspindel in der Minute:							
(gerade)		$n^1 =$	10,6	13,6	21,7	26,7	21,8	27,9	44,4	54,5
(nach rechts)		$n^2 =$	22,8	29,1	46,4	57,6	46,5	59,5	94,8	118,3
(nach links)		$n^3 =$	39,2	50,1	79,7	97,9	79,9	102,2	162,8	199,8

Werden bei der Bearbeitung von Leichtmetall für den Antrieb 1 höhere Umdrehungszahlen angenommen, so erhöhen sich auch die Umdrehungszahlen für die einzelnen Hebelstellungen i^1 u. i^2 I bis IV entsprechend.

Werkstückes zur Verfügung stehen, und zwar nur eine Reihe der drei Geschwindigkeiten, die in der Tabelle 1 unter den Hebelstellungen i^1 I—IV oder i^2 I—IV angegeben sind. Für die Bearbeitung kleinerer Gegenstände sind also die größeren

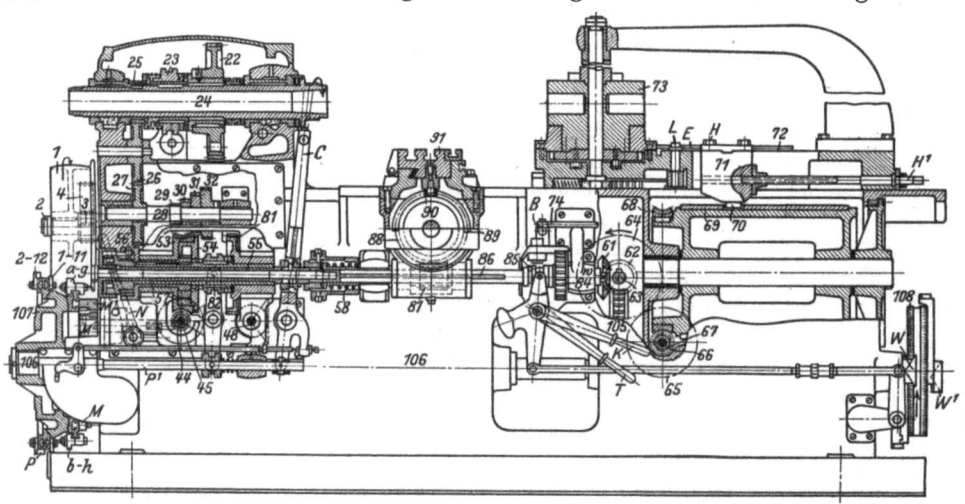

Fig. 4. Halbautomat. Längsschnitt.

Umdrehungszahlen der Hebelstellungen III und IV der letzten Rubriken i^2 zu nehmen, während für größere Gegenstände die kleineren Umdrehungszahlen der ersten Rubriken I und II einzuschalten sind. Für Werkstücke von mittleren Abmessungen stehen die Umdrehungszahlen der Rubriken i^1 III und IV oder i^2 I und II zur Verfügung. Während die niedrigen Umdrehungszahlen innerhalb einer Gruppe zum Drehen der äußeren Durchmesser genommen werden, sind die beiden höheren Umdrehungszahlen für das Bohren, Ausdrehen der Löcher und für das Schlichten einzuschalten. Bei der geraden Stellung des Hebels *R* (Fig. 1) sind die Reibungskupplungen *15* und *17* (Fig. 3) ausgeschaltet, und das große Zahnrad *18* nimmt durch die Überholungskupplung *19* das Zahntrieb *21* in derselben Richtung mit und bewirkt die langsamere Umdrehung der Drehspindel *24*. Wird der Hebel *R* nach rechts gestellt, so wird das mittlere Zahnrad *16* mit der Kupplungswelle *20* verbunden und gibt dem Zahnrad *21* und somit der Drehspindel *24* eine schnellere Drehung. Durch die Überholungskupplung *19* bleibt das große, langsam laufende Zahnrad *18* einfach zurück. Wird der Hebel *R* nach links gestellt, so wird das kleinere und schneller laufende Zahnrad *14* mit Welle *20* verbunden, die damit die höchste Umdrehungszahl der betreffenden Schaltgruppe erhält. Durch das Ausheben einer Klinke und durch das Verstellen des Handhebels *O* (Fig. 1 u. 8) nach links wird die Klauenkupplung *23* aus dem Zahnrade *22* gerückt und die Drehspindel *24* stillgesetzt.

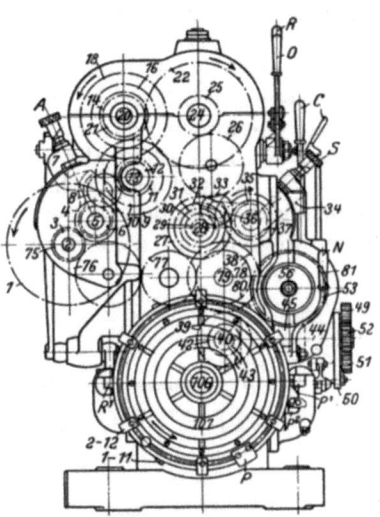

Fig. 5. Seitenansicht mit Zahnräderübertragungen zwischen Antrieb, Drehspindel und Selbstgangwelle.

Dieser Hebel *O* wird nur beim Einrichten der Werkzeuge benutzt oder wenn die Drehspindel *24* durch Betriebsstörungen und ähnliches stillgesetzt werden muß.

B. Selbstgang des Revolverkopfschlittens.

Der selbsttätige Vorschub des Revolverkopfschlittens geht von der Drehspindel *24* aus und ist von ihr zwangläufig abhängig, so daß die Vorschubbewegung gleichmäßig und sicher ist. Das Zahnrad *25* (Fig. 3, 4 u. 6) sitzt fest auf der Drehspindel *24* und treibt durch das Zwischenrad *26* das Antriebrad *27* der vorderen Räderkastenwelle *28*. Auf dieser Welle *28* sitzen die vier Zahnräder *29, 30, 31, 32*, deren Zähnezahlen sich wie 3 zu 5 zu 7 zu 9 verhalten (Nortonkasten). Parallel zur Welle *28* ist eine zweite Welle *36* im Gestell gelagert, die ein schiebbares Zahnrad *35* führt, das durch ein Zwischenrad *33* und durch Verstellen des diese Räder führenden Schwinghebels *34* mit einem der vier Zahnräder *29, 30, 31, 32* in Eingriff gebracht werden kann. Durch das Verschieben des mit dem Schwinghebel *34* verbundenen Handknopfes *S* kann die Welle *36* vier verschiedene Umdrehungsgeschwindigkeiten in den Verhältnissen von 15, 25, 35, 45 zu 36 erhalten. Durch die Stellöcher *I, II, III* oder *IV* wird der Schwinghebel *34* (*S*) in der gewünschten Stellung gehalten. Am Ende der Welle *36* sitzt das Zahnrad *37*, das die Bewegung durch das Zwischenrad *38* auf das Zahnrad *39*, der Wechselwelle *40* (Fig. 6) überträgt. Wird die Klauenkupplung *41* der Welle *40* nach links mit der auf Welle *40* lose laufenden Kegelradhülse *42* gekuppelt, so wird die Bewegung durch die Kegelräder *42, 43* auf die Schneckenwelle *44* übertragen, auf der die Schnecke *45* sitzt, die in das für die langsamen Vorschubgeschwindigkeiten bestimmte Schneckenrad *53* eingreift. Wird die Doppelkupplung *41* dagegen nach rechts geschoben und mit dem größeren Kegelrad *46* gekuppelt, so wird durch das mit diesem in Eingriff stehende kleinere Kegelrad *47* die Wechselradwelle *48* angetrieben. Diese Wechselradwelle *48* endet an der vorderen Seite des Gestells und wird durch die Wechselräder *49, 51* und *52* (Fig. 7) mit dem vorderen Ende der Schneckenwelle *44* in Verbindung gebracht. Durch die Wechselräder *49* und *52* kann das Übersetzungsverhältnis zur Schneckenwelle *44* durch die Wahl der Zähnezahlen beliebig geändert werden, so daß, wenn mit den Werkzeugen des Revolverkopfes ausgerieben oder Gewinde geschnitten werden soll, der Vorschub des Revolverkopfschlittens angemessen gewählt werden kann. Die Wechselräder *49* und *52* sind durch Zwischenrad *51* verbunden, das auf der kleinen Stellschere *50* eingestellt wird. Das Schneckenrad *53* erhält also eine langsame Drehung durch den Antrieb der Kegelräder *42, 43* und eine beliebig veränderliche schnellere oder noch langsamere durch die Kegelräder *46, 47* über die Wechselräder *49, 52*. Alle Geschwindigkeiten werden von dem Schneckenrad *53* durch eine Überholungskupplung *54*

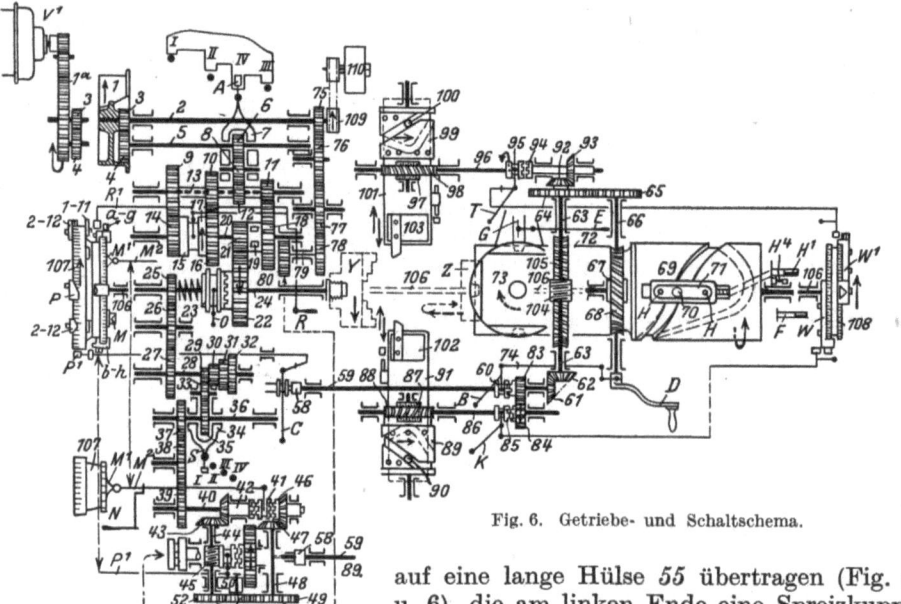

Fig. 6. Getriebe- und Schaltschema.

auf eine lange Hülse *55* übertragen (Fig. 4 u. 6), die am linken Ende eine Spreizkupplung *56* trägt. Diese Spreizkupplung *56* ist durch die Hohlwelle *57*, die durch die eben erwähnte Hülse *55* zurückgeführt wird und durch die Sicherheitskupplung *58* mit der Vorschubwelle *59* unmittelbar verbunden. Die Spreizkupplung *56* kann ebensogut von Hand durch den Hebel *C* wie auch selbsttätig ein- und ausgerückt werden, je nachdem der Revolverkopfschlitten in Bewegung oder still gesetzt werden soll.

Am rechten Ende der Vorschubwelle *59* ist die Klauenkupplung *60* schiebbar angeordnet und wird durch einen Handhebel *B* mit der Kegelradhülse *61* verbunden, wenn die selbsttätigen Vorschübe des Revolverkopfschlittens und der Quersupporte eingeschaltet werden sollen.

Das Kegelrad *61* überträgt durch das Kegelrad *62* die selbsttätige Bewegung auf die Schneckenwelle *63*, die quer durch das Bett der Maschine gelagert ist. An der hinteren Seite der Maschine wird die Bewegung durch die Zahnräder *64* und *65* (Fig. 2 u. 6) auf die Vorschubschneckenwelle *66* übertragen und durch die Schnecke *67* auf das Schneckenrad *68*, das mit der Vorschub-Kurventrommel *69* verbunden ist (Fig. 4). Die Kurven der Trommel *69* bilden eine in sich zurückkehrende Gesamtkurve, die mit ihren Seitenflächen und durch ihre langsam fortschreitende Drehung gegen eine Rolle 70 wirken, die durch einen verstellbaren Kloben 71 mit dem Revolverkopfschlitten 72 verbunden ist und so den Revolverkopfschlitten hin- und herbewegt. Um beim Einstellen der Werkzeuge den Revolverkopf, bei ausgerückter Kupplung 60, von Hand bewegen zu können, ist auf die nach vorn verlängerten Vorschubschneckenwelle 66 eine Handkurbel D gesteckt (Fig. 1, 6 u. 8), die beim Einschalten des Selbstganges durch die Kupplung 60, um Verletzungen des Arbeiters durch das Umlaufen der Kurbel D zu verhüten, abgezogen werden muß. Durch einen Verbindungshebel 74 ist eine Sicherung zwischen dem Kupplungshebel B und der Kurbel D vorgesehen, so daß die Kupplung 60 niemals eingerückt werden kann, wenn die Kurbel D noch auf der Vorschubschneckenwelle 66 sitzt.

Außer den normalen Vorschüben und den Vorschüben zum Reiben und Gewindeschneiden hat die Maschine noch eine **schnelle Vor- und Rückwärtsbewegung** für die Leerläufe des Revolverkopfschlittens und der Quersupportschlitten. Diese Bewegung ist von der Drehspindel 24 unabhängig und ist immer gleich, ob kleinere oder größere Gegenstände bearbeitet werden. Sie wird von der verlängerten Antriebwelle 2 (Fig. 2, 5 u. 6) abgeleitet, die unmittelbar von der Riemenscheibe 1 angetrieben wird und durch Zahnrad 75, Zwischenräder 76 und 77, Zahnrad 78, Zwischenwelle 79, Zahnrad 80 und 81 und Hülse 55 das Schneckenrad 53 für die normalen Vorschübe treibt. Durch Klauenkupplung 82 kann Zahnrad 81 mit der langen Hülse 55 verbunden werden und überträgt dann die schnellere Bewegung durch Spreizkupplung 56

Fig. 7. Schaltanordnung und Wechselräder. Einrichtung zum Innendrehen.

auf Hohlwelle 57 und weiter durch Sicherheitskupplung 58 auf Vorschubwelle 59 (Fig. 4). Da Schneckenrad 53 sich immer langsamer dreht als Zahnrad 81, so bleibt 53 beim Einschalten der schnelleren Drehbewegung durch die Überholungskupplung 54 in der Drehbewegung einfach zurück, ohne die schnellere Bewegung der Hülse 55 zu hemmen. Die Überholungskupplung 54 wirkt genau so wie die auf S. 7 beschriebene Überholungskupplung 19 des Drehspindelantriebes.

Durch die vier Einstellmöglichkeiten (I, II, III und IV) des Schwinghebels 34 mit dem Handknopf S sind auch vier verschiedene Vorschubgeschwindigkeiten aus dem vorderen Räderkasten abzuleiten. Außerdem kommen durch die Anordnung des Reibeganges 46—82 unter Benutzung der Wechselräder 49 und 52 von 20, 35, 45 und 60 Zähnen noch 16 Vorschubgeschwindigkeiten hinzu, wenn nur die Wechselräder 20:60, 35:45, 45:35 oder 60:20 zur Übersetzung eingeschaltet werden. Es stehen also, wie Tabelle 2 zeigt, 20 Vorschubgeschwindigkeiten für den Revolverkopfschlitten zur Verfügung, außer dem Schnellvorschub 75—82 für die Leerbewegungen.

Die Halbautomaten System Potter & Johnston (Bauart Pittler).

Tabelle 2. Vorschübe für den Revolverkopfschlitten.

Räderkasten mit Einstellungen I bis IV.		Vorschübe des Revolverkopfschlittens in mm bei einer Umdrehung der Drehspindel. Stellung des vorderen Schwinghebels mit Knopf S in:			
		I	II	III	IV
Zähnezahl der Wechselräder		Normal ohne Wechselräder:			
		0,192	0,320	0,448	0,576
Nr. 49	Nr. 52	Reibegänge mit Wechselräderübertragung:			
20	60	0,125	0,209	0,293	0,376
35	45	0,293	0,488	0,683	0,878
45	35	0,484	0,806	1,129	1,451
60	20	1,129	1,881	2,634	3,387

Anordnung der Wechselräder.

Bei höheren Umdrehungszahlen der Antriebsriemenscheibe *1* verringert sich die Zeitdauer der Leerläufe entsprechend.	Schnellgang in der Sekunde bei 300 Umdrehungen der Antriebsscheibe *1* = 55,26 mm.
Gesamtdauer der Leerläufe { Vorgang 6 sk, Rückgang 3 „, Schalten 2 „ }	Zusammen 11 sk beim Schnellgang.

Wie die Umdrehungszahlen der Drehspindel sind auch die selbsttätigen Vorschübe in vier Gruppen mit je nur zwei Geschwindigkeiten eingeteilt, weil ja der Schwinghebel *34* während der selbsttätigen Bearbeitung eines Stückes nicht verstellt werden darf. Bei der Bearbeitung von harten Werkstoffen ist der Hebel *34* in die Stellung *I* oder *II* zu bringen, bei der Bearbeitung von weichen dagegen in die Stellung *III* oder *IV*. Durch Umstecken der Wechselräder *49* und *52* können noch weitere Vorschubgeschwindigkeiten, die zwischen den in der Tabelle 2 angegebenen Werten liegen, erreicht werden. Der Schnellgang für die Leerläufe des Schlittens beträgt für den Vorwärtsgang 55,26 mm/sk bei 300 Umdr./min der Antriebsscheibe *1*, so daß der Vorschub bei einer Umdrehung der Drehspindel zwischen 16,6 und 310 mm wechselt je nach der Schaltung im Spindelkasten. Wie am Ende der Tabelle 2 angegeben ist, betragen die Zeiten:

für den schnellen Vorgang des Revolverkopfschlittens . . . 6 sk
für den schnellen Rückgang des Revolverkopfschlittens . . . 3 sk
für die Schaltung des Revolverkopfes . . . . 2 sk

so daß die äußerste Zeit für den Hin- und Hergang des Schlittens 11 sk beträgt. Diese Zeiten sind bei der Berechnung der Arbeitszeiten der zu bearbeitenden Gegenstände zu berücksichtigen (vgl. das Berechnungsbeispiel auf S. 18).

C. Schaltung und Einstellung des Revolverkopfes.

Der Revolverkopf *73* (Fig. 8) wird durch einen starken Schlußbolzen *G* in einer der vier Stellungen zu der Drehspindel *24* genau und sicher gehalten. Um den Revolverkopf während des Einrichtens beliebig umschalten und mit der Stellung der Steuerwelle *106* in Einklang bringen zu können, ist der Handhebel *E* vorgesehen, mit dem der Schlußbolzen von Hand aus dem Revolverkopf gezogen werden kann. Der Schlußbolzen fällt selbsttätig in die Stellrasten des Revolverkopfes durch den Druck einer starken Spiralfeder, und der Revolverkopf wird, wie allgemein üblich, am Ende der Rückwärtsbewegung des Revolverkopfschlittens *72* selbsttätig umgeschaltet. Während der Hub des Schlittens durch die Länge der Vorschubkurve der Trommel 69 bedingt und somit immer gleich groß ist, kann der Schlitten selbst mit Hilfe des Stellklobens 71 in vier verschiedenen Abständen vom Spannfutter Y gestellt werden, je nachdem ob lang oder kurz vorstehende Werkstücke bearbeitet werden sollen. Dazu besitzt der Schlitten vier Marken, 1÷4, in Abständen von je 70 mm, nach denen der am Schlitten verschiebbare Stellkloben 71 eingestellt wird. (s. auch die Skizze der Tabelle 5 auf S. 22). Durch Anziehen der Kopfschrauben H wird der Stellkloben mit dem Schlitten fest verbunden. Außer dem Stellkloben muß auch der Umschalt-Stell-

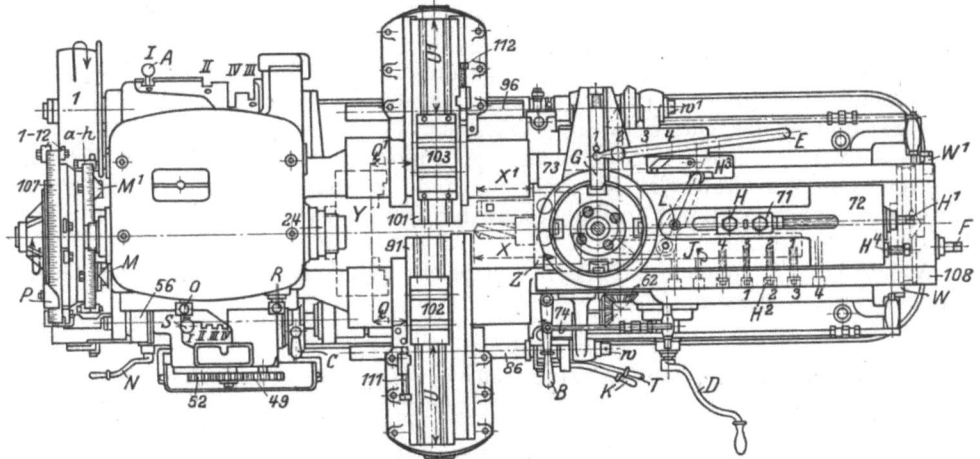

Fig. 8. Halbautomat. Obere Ansicht.

block J, sowie der Schlußbolzen-Ausziehschlitten H^3 nach den entsprechenden Markierungen am Bett eingestellt und befestigt werden.

Damit der Revolverkopf während der Spanabnahme sicher und ohne zu federn feststeht, wird er durch eine selbsttätige Bremse gehalten, die vor dem Schalten des Kopfes selbsttätig gelöst und vor dem Arbeitsgang ebenso wieder festgezogen wird. Beim Einstellen oder beim Schalten des Revolverkopfes von Hand ist diese Bremse zu lösen, indem die Kopfschraube L etwas nach links zu drehen ist. Beim Einschalten der selbsttätigen Bewegungen ist Kopfschraube L bis zum Anschlag wieder anzuziehen.

D. Selbstgang der beiden Quersupportschlitten.

Die Vorschubbewegung des vorderen Quersupportschlittens wird von der Vorschubwelle 59 (Fig. 6) abgeleitet durch das auf der Kegelradhülse 61 sitzende Zahnrad 83, das mit dem auf der vorderen Welle 86 lose angebrachten Zahnrad 84 in Eingriff steht (Fig. 4). Durch die Kupplung 85 wird Zahnrad 84 mit der Welle gekuppelt. Die Bewegung wird dann durch die Schnecke 87 auf das Schneckenrad 88 übertragen, das mit der vorderen Kurventrommel 89 fest verbunden ist. Trommel 89 trägt eine in sich zurückkehrende Kurve, die mit ihren Planflächen gegen eine Rolle 90 wirkt (Fig. 4), die drehbar auf einen Stift des vorderen Quersupportschlittens 91 sitzt und den Schlitten 91 steuert, wenn die Kupplung 85 selbsttätig durch die Maschine oder von Hand durch den Hebel K eingerückt wird.

Der hintere Quersupportschlitten wird durch das Kegelrad 92 (Fig. 6) am hinteren Ende der Querwelle 63 bewegt, das durch ein Kegelrad 93 die

Kupplungsbüchse *94* treibt. In dieser Büchse *94* führt sich die hintere Welle *96*, die durch die Kupplung *95* nach Belieben mitgenommen werden kann (Fig. 2, 6 u. 8). Durch die Schnecke *97* und das Schneckenrad *98* wird die hintere Kurventrommel 99 angetrieben, die ebenfalls durch eine Rolle *100* den hinteren Quersupportschlitten 101 steuert, wenn die Kupplung *95* selbsttätig oder von Hand durch den Hebel *T* eingeschaltet wird.

Sind die Kupplungen *85* und *95* für die selbsttätige Arbeit durch die Hebel *K* und *T* einmal eingeschaltet, so dürfen sie, solange die selbsttätige Arbeit dauert, nicht wieder ausgerückt werden, weil die zwangläufige Verbindung zwischen Revolverkopfschlitten *72* und Quersupportschlitten *91* und *101* nicht unterbrochen werden darf, wenn sie einmal hergestellt ist.

Auf den beiden Quersupportschlitten *91* und *101* sind die Stahlhalterböcke *102* und *103* zur Aufnahme der Drehstähle zum Plandrehen, Einstechen, Anfasen usw., seitwärts und in der Querrichtung verstellbar.

Da die verschiedenen Vorschübe für die Quersupportschlitten *91* und *101* von der vorderen Vorschubwelle *59* abhängig sind, so stehen für die beiden Planbewegungen ebenso viele Vorschubgeschwindigkeiten zur Verfügung wie für den Revolverkopfschlitten *72*.

Aus Tabelle 3 gehen die 20 Vorschubgeschwindigkeiten für die zwei Quersupportschlitten hervor:

Tabelle 3.
Vorschubgeschwindigkeiten für die Quersupportschlitten.

Räderkasten mit Einstellungen I bis IV.	Vorschübe der beiden Quersupportschlitten in mm bei einer Umdrehung der Drehspindel. Stellung des vorderen Schwinghebels mit Knopf *S* in:			
	I	II	III	IV
Zähnezahl der Wechselräder:	Normal ohne Wechselräder:			
	0,123	0,205	0,286	0,368
Nr. 49 | Nr. 52	Reibegänge mit Wechselräderübertragung:			
20 | 60	0,080	0,134	0,187	0,241
35 | 45	0,187	0,312	0,437	0,561
45 | 35	0,309	0,515	0,722	0,928
60 | 20	0,722	1,203	1,684	2,165
	Schnellgang in der Sekunde bei 300 Umdrehungen der Antriebsscheibe *1* = 35,32 mm.			

Anordnung der Wechselräder.

Je nach dem Durchmesser der Werkstücke können die beiden Quersupportschlitten *91* und *101* in drei verschiedenen Abständen zu der Drehspindel *24* oder zu den Werkzeugen des Revolverkopfes *73* gebracht werden, indem die Rollen *90* und *100* an den Supportschlitten *91* und *101* entsprechend gestellt und je mit zwei Schrauben befestigt werden (Tab. 5 auf S. 22). Da jedoch die Stahlhalter *102* und *103* in weiten Grenzen auf den Schlitten selbst verstellt werden können, brauchen die Rollen *90* und *100* nur bei der Bearbeitung von außergewöhnlichen Arbeitsstücken versetzt zu werden.

In der Längsrichtung sind die beiden Quersupportschlitten durch das Verstellen der Unterschlitten beliebig und unabhängig voneinander einstellbar.

E. Antrieb der Steuerwelle für die selbsttätigen Umschaltungen der Drehspindelgeschwindigkeiten und der Längs- und Querbewegungen der Schlitten.

Auf der Querwelle 63 (Fig. 6) sitzt die Steuerschnecke 104, die in das Schneckenrad 105 eingreift, das die Steuerwelle 106 treibt, an deren Enden, außerhalb des Maschinengestelles, die Steuerscheiben 107 und 108 sitzen. An der Steuerscheibe 107 (links am Gestell) sitzen die Steuerknaggen a—h zum Umschalten der Drehspindelgeschwindigkeiten (Fig. 4, 5, 7 u. 8), die Steuerknaggen 1—12 zum Wechseln der Längs- und Querschübe, die Knaggen M und M^1 zum Ein- und Ausschalten des eingestellten Reibeganges und die Knagge P zum selbsttätigen Ausschalten und Stillsetzen der Längs- und Querbewegungen nach Beendigung der Bearbeitung des betreffenden Werkstückes.

Die Steuerscheibe 108 (rechts am Gestell) besitzt die Steuersegmente W und W^1 für die zeitliche Ein- und Ausschaltung der vorderen und hinteren Quersupportbewegungen (Fig. 4—6 u. 9).

Das Übersetzungsverhältnis zwischen der Steuerwelle 106 und dem Revolverschlitten 72 ist so gewählt, daß der Revolverkopf 73 bei der Anordnung für vier Werkzeuge viermal hin- und hergeht, während die Steuerwelle 106 sich einmal umdreht. Die Quersupportschlitten 91 und 101 können also beliebig getrennt oder auch gleichzeitig mit einer der vier Werkzeugvorwärtsbewegungen des Revolverkopfes 73 selbsttätig in oder außer Bewegung gesetzt werden, je nachdem es die Werkzeuge oder das Werkstück erfordern.

Fig. 9. Schaltscheibe und Knaggen für die Quersupportschaltungen.

F. Antrieb der Kühlpumpe.

Zum Antrieb der Kühlpumpe 110 (Fig. 3 u. 6) sitzt am rechten Ende der Antriebswelle 2 die Riemenscheibe 109, die durch einen kurzen Riemen mit der Antriebsscheibe der Kühlpumpe 110 verbunden ist. Die Kühlflüssigkeit (man verwende nur ein harz- und säurefreies Öl[1]) fließt nach dem Gebrauch in das Gestell der Maschine zurück und gelangt aus einem Behälter filtriert wieder zur Pumpe.

G. Besondere Einrichtungen der Halbautomaten.

Als besondere Einrichtungen zum vorteilhaften Bearbeiten der Werkstücke sind folgende zu erwähnen:

1. Einrichtung zum Innendrehen. Die Einrichtung wird am Ende der Drehspindel angebracht und dient dazu, gleichzeitig mit der vorderen Seite des im Spannfutter Y eingespannten Werkstückes seine hintere, meist unsichtbare Seite (wie Nabenflächen, Bohrungen, Ansätze usw.) zu bearbeiten. Es lassen sich mit dieser Einrichtung Riemenscheiben, Zahnräder, Handräder, Muffen usw. in einer einzigen Einspannung, also ohne Umspannen, fertigstellen.

---
[1] Vgl. den Hinweis 8 auf S. 22 der Werkstattbücher Heft 21.

Die Einrichtung besteht aus dem um den Bolzen *123* schwingbaren Hebel *122* (Fig. 7), der seine Bewegung durch Kurvenplatten *121* erhält, die auf einer mit der Schaltscheibe *107* fest verbundenen besonderen Trommel *120* befestigt sind. Das obere Ende des Hebelarmes *122* ist gelenkartig mit einem Gleitbock *124* verbunden, der die Bewegung durch Stellringe *125* auf eine durch die Bohrung der Drehspindel *24* geführte Übertragungsstange *126* überträgt. In dieser Stange sitzt vorn eine Büchse mit Innenkegel zur Aufnahme der Werkzeuge für die Innen- oder Plandreharbeit. Die Form der Kurvenplatten *121* bestimmt die Bewegungslänge der Übertragungsstange *126*, sowie die Größe des Vorschubes.

2. **Bohrstangenführung.** Sie wird benutzt, um längeren Bohrstangen oder Bohrstahlhaltern, die im Revolverkopf eingespannt sind, während der Spanabnahme eine zweite und sichere Führung zu geben. Sie besteht aus demselben Doppelhebel *122* (Fig. 10), der auch wieder wie bei der Innendreh-Einrichtung (S. 9) von der Kurvenplatte *121* aus bewegt wird. Die Übertragungsstange *126* trägt jetzt am rechten Ende eine Führungsbüchse mit einer den Bohrstangen entsprechenden Bohrung. Durch die Kurve *121* wird die Übertragungsstange *126* nach dem Arbeitsgang etwas zurückgezogen, damit sie mit den nachfolgenden Werkzeugen des Revolverkopfes nicht zusammenstößt. Um bei tiefen Bohrungen die Stange *126* genügend bewegen und sie weit genug zurückziehen zu können, wenn z. B. mit Reibahlen nachgerieben wird, ist am oberen Ende des Hebels *122*, im Gleitbock *124*, eine Zahnradübersetzung ins Schnelle vorgesehen. Die beiden Stellringe *125* sind bei dieser Vorrichtung zu lösen oder abzunehmen, damit die Übertragungsstange *126* sich frei durch den Hebelkopf und durch den Gleitbock *124* bewegen kann.

Fig. 10. Anordnung der Bohrstangenführung.

3. **Verschiedenes.** Doppelt wirkende Druckluftspanneinrichtungen werden zur Erhöhung der Leistungsfähigkeit der Maschine verwendet. Sie spannen augenblicklich und ohne Anstrengung, so daß die toten Zeiten auf das geringste Zeitmaß heruntergedrückt werden. Die Luftdruckleitung, die mit dem Regulierventil in Verbindung gebracht wird, muß etwa 6 at haben.

Einrichtungen zum Formdrehen usw. Zum Formdrehen in der Längs- wie in der Querrichtung kommen besondere Einrichtungen in Betracht, die auf den vorderen oder hinteren Quersupport gesetzt und vom Revolverkopf aus bewegt werden. Näheres wird ein späteres Heft über Werkzeuge der Revolverbänke und Automaten bringen.

II. Einstellen des Halbautomaten.

A. Bedienung der Maschine.

Fig. 11 (vgl. auch Fig. 4, 6 u. 8) gibt Auskunft über die Wirkung der einzelnen Handhebel, Kurbeln, Stellspindeln, Steuerknaggen usw. auf den Gang der Maschine.

Einstellen des Halbautomaten.

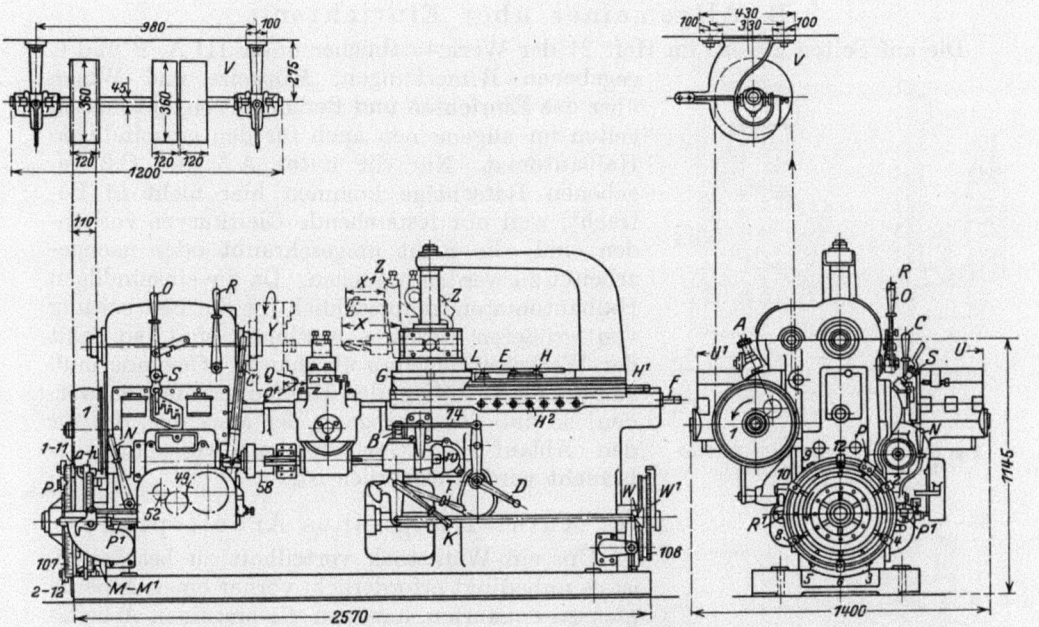

Fig. 11. Montage- und Bedienungsplan.

A Hinterer Schwinghebel zum Einstellen der Drehspindelgeschwindigkeiten von Hand.
B Handhebel zum Ein- und Ausschalten der Vorschubgeschwindigkeit während des Einstellens.
C Doppelhandhebel zum Ein-, Aus- und Umschalten der Vorschubgeschwindigkeiten während des Ganges.
D Handkurbel zum Einstellen der Maschine und Nachprüfen der eingestellten Vorschubbewegungen.
E Handhebel zum Herausziehen des Schlußbolzens aus dem Revolverkopf.
F Stellspindel für den Umschaltbock des Revolverkopfes.
G Schlußbolzen für die Verriegelung des Revolverkopfes.
H Stellschrauben zum Feststellen der Vorschubrolle am Revolverkopfschlitten.
H^1 Spindel zum genauen Einstellen der Vorschubrolle am Revolverschlitten.
H^2 Befestigungsschrauben für den verstellbaren Umschaltbock des Revolverkopfes.
H^3 Stellschlitten zum selbsttätigen Herausziehen des Schlußbolzens am Revolverkopf.
H^4 Anschlagschraube zur Begrenzung der Revolverschlittenbewegung.
J Verstellbarer Umschaltbock für den Revolverkopf.
K Handhebel zum Einschalten der vorderen Quersupportbewegung.
L Kopfschraube zum Lösen der Revolverstellbremse.
M Schaltknagge zum selbsttätigen Einrücken des Reibeganges.
M^1 Schaltknagge zum selbsttätigen Ausrücken des Reibeganges.
M^2 Einrückstange zum selbsttätigen Einrücken des Reibeganges.
N Handhebel zum Ein- und Ausrücken des Reibeganges beim Einstellen.
O Handhebel zum Stillsetzen der Drehspindel.
P Schaltknagge zum selbsttätigen Ausrücken der Vorschübe nach Beendigung der Bearbeitung.
P^1 Schaltnase und Stange für den selbsttätigen Wechsel der Vorschubgeschwindigkeiten.
P^2 Schaltklinke zur selbsttätigen Einschaltung des schnellen Rückganges.
Q Abstand des vorderen Quersupportschlittens von der vorderen Fläche der Spannvorrichtung.
Q^1 Abstand des hinteren Quersupportschlittens von der vorderen Fläche der Spannvorrichtung.
R Handhebel zum Ein-, Aus- und Umschalten der Drehspindelgeschwindigkeiten.
R^1 Übertragungsstange für die selbsttätige Umschaltung der Drehspindelgeschwindigkeiten.
S Vorderer Schwinghebel zum Einstellen der Vorschubgeschwindigkeiten von Hand.
T Handhebel zum Einschalten der hinteren Quersupportbewegung.
U Abstand des vorderen Quersupport-Stahlhalters von der äußeren Kante des betr. Supportschlittens.
U^1 Abstand des hinteren Quersupport-Stahlhalters von der äußeren Kante des betr. Supportschlittens.
V Deckenvorgelege für den mechanischen Antrieb der Maschine.
V^1 Elektromotor für den elektrischen Antrieb der Maschine.
X Abstände der vorderen Werkzeugschneiden von den Revolverkopfspannflächen.
X^1 Abstände der vorderen Werkzeugschneiden von den vorderen Werkzeugbockflächen *Z*.
Y Spannfutter oder Spannvorrichtung.
Z^{1-4} Werkzeugböcke für 4 oder 5 Stahlhalter zum Befestigen an die Revolverkopfflächen.
a, c, e, g Hohe Schaltknaggen zum Umschalten der Drehspindelgeschwindigkeiten von dem schnelleren auf den mittleren Gang oder umgekehrt, je nachdem ob rechts oder links eingestellt.
b, d, f, h Niedrige Schaltknaggen zum Ausschalten des schnellen und des mittleren Ganges, je nachdem ob rechts oder links angeordnet.
1—3—5—7 (9—11) Schaltknaggen zum Einrücken der schnellen Vorschubgeschwindigkeit (schnellen Rückgang).
2—4—6—8 (10—12) Schaltknaggen zum Einrücken der normalen Vorschubgeschwindigkeit.
$w—w^1$ Stiftschlüssellöcher der Quersupportantriebswellen zum Einstellen der Quersupportschlitten von Hand.

B. Allgemeines über Einrichten.

Die auf Seiten 20—25 im Heft 21 der Werkstattbücher unter III A, B und C gegebenen Bemerkungen, Hinweise und Winke über das Einrichten und Bedienen von Automaten gelten im allgemeinen auch für den einspindligen Halbautomat. Nur die unter A 5 und C 2 gegebenen Ratschläge kommen hier nicht in Betracht, weil nur feststehende Gleitkurven vorhanden sind, die nicht umgeschraubt oder nachgearbeitet zu werden brauchen. Da die einspindligen Halbautomaten hauptsächlich für die Bearbeitung von größeren Stücken bestimmt sind, so fehlt der Werkstoffvorschub überhaupt. Gewinde muß stets mit selbstöffnenden Köpfen geschnitten werden, so daß der Linksgang der Maschine, der für den Ablauf der Gewindeschneidwerkzeuge gebraucht wird, entbehrlich ist.

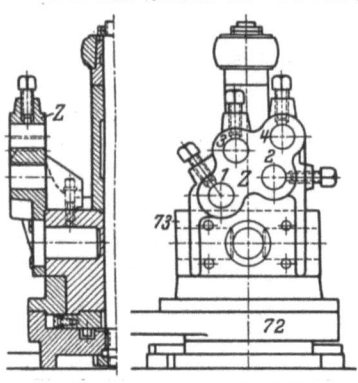

Fig. 12. Werkzeugbock für 4 Stahlhalter zum Revolverkopf.

C. Aufstellung eines Arbeitsplanes.

Um ein Werkstück vorteilhaft zu bearbeiten, ist es unbedingt erforderlich, vorher einen Arbeitsplan zu entwerfen, aus dem die einzelnen Arbeitsstufen deutlich hervorgehen. Die Spannvorrichtungen richten sich nach der Art und der äußeren Gestalt der Werkstücke. Zum Spannen von runden Körpern genügt das selbstzentrierende Dreibackenfutter in verstärkter Ausführung mit aufgepaßten Sonderaufsatzbacken, die sich dem Werkstück anpassen. Zum Spannen von unrunden und beliebig geformten Gegenständen mit unregelmäßigen Ansätzen eignet sich das zentrisch spannende Zweibackenfutter mit Sonderspannbacken, sowie die Universal-Planscheibe mit aufsetzbaren Spannbacken und Schlitzen zur Befestigung von Hilfsbacken.

Beim Entwurf werden zuerst das Spannfutter Y (Fig. 13) und die erforderlichen Spannaufsatzbacken Y^1 nach der Form des Werkstückes a aufgezeichnet. Dann ist die kürzeste Entfernung zwischen Werkstück a und Revolverkopf 73 festzustellen nach einer der vier Markierungen am Revolverkopfschlitten (vgl. S. 11), damit die Werkzeuge mit den Haltern so kurz wie möglich eingespannt werden können. Ist die Stellung des Revolverkopfes 73 zu dem Spannfutter bestimmt, so werden die Werkzeuge für die erste Arbeitsstufe eingezeichnet. Da es sich bei diesem Beispiel um die Bearbeitung eines Zahnradkörpers handelt, an den möglichst viele Werkzeuge zu gleicher Zeit angreifen sollen, so erhalten die Spannflächen des Revolverkopfes 73 noch besondere Werkzeug-

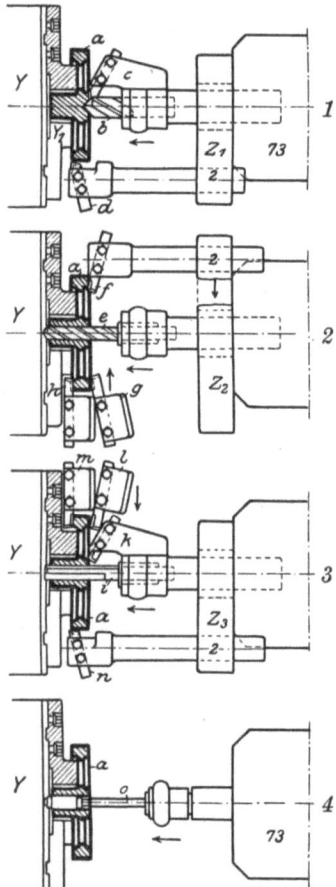

Fig. 13. Arbeitsplan für die Bearbeitung eines Zahnrades.

böcke Z (Fig. 12), die, je nach Bedarf, mit 4, 5 oder auch 6 Löchern parallel zu den Werkzeuglöchern des Revolverkopfes versehen sind.

In den Werkzeugbock Z^1 wird nun der Stahlhalter mit Vierkantstahl d in der Endstellung eingezeichnet (Fig. 13), während zum Zentrieren der Bohrung im Revolverkopf selbst ein Bohrerhalter mit Zentrierbohrer b angenommen wird, der gleichzeitig einen Vierkantstahl c hält, um zuletzt die Planfläche der Nabe abzudrehen. Durch die Kurvenabrundung der Vorschubtrommel *69* ist der Vorschub am Ende der Revolverkopfschlittenbewegung bedeutend geringer als in der Tabelle 2 (S. 10) angegeben, so daß die breite Fläche ohne Gefahr in einem Schnitt genommen werden kann.

Für die **zweite Arbeitsstufe** wird der Spiralbohrer e mit Halter in den Revolverkopf angenommen. Die beiden Planflächen des Kranzes werden mit zwei Vierkantstählen, g und h, auf dem vorderen Quersupport zu gleicher Zeit gedreht. Die innere Kante des Kranzes wird dabei am Ende der Längsbewegung des Revolverkopfes durch einen Vierkantstahl f angeschrägt, der in einem Stahlhalter des Werkzeugbockes Z^2 sitzt.

Bei der **dritten Arbeitsstufe** wird die Bohrung mit einem Kaliberbohrer i nachgebohrt, dessen Halter zugleich den Vierkantstahl k trägt, um den vorderen Grat, der sich beim Bohren am Eingang des Loches gebildet hat, wegzunehmen. Zu gleicher Zeit wird die äußere Fläche des Rades a mit einem Stahl n geschlichtet, der mit seinem Halter im Werkzeugbock Z^3 befestigt ist, und weiter werden die beiden Planflächen des Kranzes mit zwei Vierkantstählen m und l des hinteren Quersupportes nachgedreht.

Bei der letzten, der **vierten Arbeitsstufe**, wird die Bohrung mit einer im Revolverkopf befestigten pendelnden Reibahle o nachgerieben. Damit ist die Aufstellung des Arbeitsplanes beendet.

D. Aufstellung einer Berechnungstafel.

Nach der Aufzeichnung der einzelnen Arbeitsstufen soll man, um die Arbeitsdauer der Bearbeitung genau feststellen zu können, eine entsprechende Berechnungstafel aufstellen. Um das Einrichten des Halbautomaten zu erleichtern, soll diese Berechnungstafel enthalten:

Die Skizze des Werkstückes, die Umdrehungszahlen der Antriebsscheibe der Maschine und die einzelnen zur Verfügung stehenden Umlaufzahlen der Drehspindel, die vorhandenen Schnittgeschwindigkeiten bei den einzelnen Umdrehungszahlen, die Art der Spanneinrichtung. Aus diesen Angaben läßt sich dann leicht die Arbeitsdauer der einzelnen Arbeitsstufen feststellen, da die Arbeitswege sowie die Leerläufe der Werkzeuge aus dem Arbeitsplan leicht zu ersehen sind.

Bei unserem Beispiel handelt es sich um die Bearbeitung eines Zahnradkörpers von 216 mm äußerem Durchmesser mit einer Bohrung von 25 mm. Der Unterschied dieser beiden Abmessungen ist ziemlich groß, so daß man, da nur drei Umlaufgeschwindigkeiten bei der selbsttätigen Bearbeitung zur Verfügung stehen, die höchst zulässige Schnittgeschwindigkeit für den äußeren Durchmesser annehmen wird. Da es sich um weiches Gußeisen handelt, kann man bei Werkzeugen aus Schnellstahl bis zu 30 m/min Schnittgeschwindigkeit gehen. Bei einem Durchmesser von 216 mm ergibt sich damit für die Drehspindel eine Drehzahl von:

$$\frac{\text{Schnittgeschwindigkeit i. d. min}}{\text{Durchm. des Arbeitsstückes} \cdot \pi} = \frac{30}{0{,}216 \cdot 3{,}1416} = 44{,}21 \text{ Umdr./min}$$

Aus Tabelle 1, Seite 6 geht hervor, daß bei 300 Umdrehungen der Antriebsscheibe diese langsame Umdrehungszahl der Drehspindel durch Einstellen des Schwinghebels A in der Stellung III beim Übersetzungsverhältnis i^2 erreicht wird.

Die Halbautomaten System Potter & Johnston (Bauart Pittler).

Tabelle 4. Berechnungstafel für *1 Stirnrad, 70 Zähne, Mod. 3*.
Halbautomat: größter Drehdurchmesser (über Quersupport) = 270 mm
größte Drehlänge . . . . = 300 mm

Skizze des Werkstückes:	Minutl. Umläufe der Antriebsscheibe 300			Zähnezahlen der Antriebsräder: auf der Scheibe = 30 auf der Welle = 21		
	Minutl. Umläufe der Drehspindel bei Stellung des Schwinghebels A in *III*			44,4	95	163
	Schnittgeschwindigkeiten in m/min	Außen		30	....	....
		in der Mitte		....	17,9	....
		in d. Bohrung		3,5	7,5	12,8
	Vorschübe in mm/Umdr. bei Stellung des Schwinghebels S in *III*	Revolverschlitten			Normal	Reibegang
					0,44	2,63
Werkstoff: *weiches Gußeisen*		Quersupportschlitten			0,29	1,68
	Zähnezahlen der Wechselräder für den Reibegang: links = 20 rechts = 60					
Spannvorrichtung: *Zweibackenfutter 300 Ø mit Sonderbacken*	Revolverschlitten: Gesamtweg = 405 mm Rückweg = 327 mm Schaltweg = 78 mm Zeitdauer beim Schnellgang: Gesamtweg = 6 sk Rückweg = 3 sk Schaltweg = 2 sk					

Arbeitsstufe	Arbeiten	Sitz des Werkzeuges	Minutl. Umläufe der Drehspindel	Arbeitslänge mm	Leerlauf des Schlittens mm	Spanvorschub mm/Umdr.	Umläufe der Spindel zur Spanabnahme	Arbeitsdauer min	Bemerkungen
I	Einspannen	—	0	—	—	—	—	1,20	
1.	Einschalten und *Vorlauf* .	—	—	—	369,7	—	—	0,10	
	Außen *vordrehen*	B	44,4	32	—	0,44	73	1,64	
	Anbohren und	R	95	—	—	0,44	—	—	
	Planfläche der Nabe *drehen*	R	95	3,3[1]	—	0,29	11,4	0,12	[1] *mit*
	Rücklauf	—	—	—	327	—	—	0,05	*breitem*
	Schalten	—	—	—	78	—	—	0,03	*Stahl*
2.	*Vorlauf*	—	—	—	243	—	—	0,08	
	Loch halb vorbohren . . .	R	163	53	—	0,44	120	0,74	
	Loch durchbohren u. Planflächen d. Kranzes drehen	R u. V	44,4	31 u. 20	—	0,44 u. 0,29	70	1,58	
	Innenkante d. Kranz. anfasen	B	44,4	—	—	—	—	—	
	Rücklauf	—	—	—	327	—	—	0,05	
	Schalten	—	—	—	78	—	—	0,03	
3.	*Vorlauf*	—	—	—	245	—	—	0,08	
	Loch nachbohren u. abgraten	R	163	49+33	—	0,44	111	0,68	
	Außen schlichten und beide Planflächen d. Kranzes nachdrehen	B	44,4	(33)	—	0,44	—	—	
		H	44,4	20	—	0,29	69	1,55	
	Rücklauf	—	—	—	327	—	—	0,05	
	Schalten	—	—	—	78	—	—	0,03	
4.	*Vorlauf*	—	—	—	235	—	—	0,08	
	Loch nachreiben	R	44,4	82+10	—	2,63	35	0,79	
	Rücklauf	—	—	—	327	—	—	0,05	
	Schalten	—	—	—	78	—	—	0,03	
II	Ausspannen	—	0	—	—	—	—	0,20	

Gesamt-Arbeitszeit min | 9,16
10% Sicherheits-Zuschlag min | 0,92
Zu berechnen: min | 10,08

Abkürzungen: R = Revolverkopf
B = Werkzeugbock
V = Vorderer Quersupport
H = Hinterer Quersupport.

Es stehen dann die Umdrehungszahlen 44,4, 94,8 und 162,8 zur Verfügung, woraus sich folgende Schnittgeschwindigkeiten ergeben:

für 216 mm Durchmesser (außen) und 44,4 Umdr. = 30 m/min
„ 60 mm „ (Nabe) und 95 „ = 17,9 m/min
„ 25 mm „ (Bohrung) u. 163 „ = 12,8 m/min

Für die Werkzeuge sind nach Tabelle 2, Seite 10 zwei Vorschübe vorhanden. Da der Normalvorschub von 0,448 mm für weiches Gußeisen nicht zu hoch ist, so wird man nach Tabelle 2 den Schwingungshebel S in die Stellung III bringen. Für den Reibegang würde sich der Vorschub von 2,634 mm gut eignen, so daß man für die Wechselräder (Nr. *49* u. *52*) die Zähnezahlen 60 und 20 wählen wird. Wir haben dann mit folgenden Vorschüben zu rechnen:

Nach Tabelle 2: für das Langdrehen . . . . . . 0,448 mm/Umdr.
„ den Reibegang . . . . 2,634 mm/Umdr.
Nach Tabelle 3: für das Plandrehen . . . . 0,286 mm/Umdr.
„ den Reibegang . . . . . . 1,684 mm/Umdr.

Nachdem diese Zahlen festgestellt und in die Berechnungstafel eingetragen worden sind, kann man leicht die Arbeitsdauer der einzelnen Arbeitsstufen berechnen, indem man den Vorschub in die betreffende Arbeitslänge dividiert und so die Zahl der erforderlichen Umdrehungen der Drehspindel für die betreffende Arbeitsstufe feststellt. Daraus erhält man die Zeitdauer der Bearbeitung in Minuten, indem man diese oben erhaltene Umdrehungszahl durch die minutliche Umdrehungszahl der Drehspindel dividiert. Beträgt z. B. die Arbeitslänge 32 mm (vgl. Tabelle 4) und der Vorschub 0,44 mm, so sind 32 : 0,44 = 72,72 Umläufe der Drehspindel zum Überdrehen erforderlich, und da die minutlichen Umdrehungen der Drehspindel 44,4 betragen, so erfordert das Überdrehen 72,72 : 44,4 = 1,637 min Zeit.

Da während dieser Zeit die Nabe zentriert und plangedreht wird, so braucht diese Arbeit nicht besonders berechnet zu werden. Die Zeitdauer der übrigen Arbeitsstufen erhält man auf dieselbe Weise.

Die Dauer der Leerbewegungen des Revolverschlittens ist ebenfalls aus der Tabelle 2 zu entnehmen und zwischen den einzelnen Arbeitsgängen entsprechend einzusetzen.

Am Ende der Aufstellung werden die einzelnen Arbeitsperioden einfach addiert und zur Sicherheit 10% für unvorhergesehene Zwischenfälle usw. zugerechnet.

Nach der Aufstellung, Tabelle 4, würde das Zahnrad in 10,08 min fertig zu stellen sein.

E. Das Einrichten des Halbautomaten.

Nachdem der Arbeitsplan und die Berechnungstafel aufgestellt sind, kann der Halbautomat ohne Schwierigkeiten und ohne Zeitverluste eingerichtet werden.

Zuerst werden die nach dem Arbeitsplan fertiggestellten Werkzeughalter und Werkzeuge der Reihe nach im Revolverkopf, in den Werkzeugböcken und auf den beiden Quersupporten annähernd eingestellt. Um den Revolverkopf leicht von Hand schalten zu können, ist die Bremsschraube L während des Einrichtens zu lösen (vgl. S. 11). Der o-Strich des Rollenstellklobens *71* muß mit der vorgeschriebenen Marke (*1—4*) am Revolverkopfschlitten *72* genau übereinstimmen, was durch Verdrehen der Spindel H^1 am rechten Ende des Revolverkopfschlittens zu erreichen ist. Da im vorliegenden Fall das Werkstück kurze Arbeitswege hat, so wird der Rollenstellkloben so festgezogen, daß der o-Strich über der Zahl 2 am Revolverkopfschlitten steht. Durch Verdrehen der Spindel F am rechten Ende des Gestells wird hierauf der Umschaltblock J für den Revolverkopf (Fig. 8) so gestellt, daß von den vier Befestigungsschrauben H^2 die äußerste rechte Schraube in das mit 2 bezeichnete Loch des Gestells zu stehen kommt. Der Stellschlitten H^3, der beim selbsttätigen Zurückgehen des Revolverschlittens 72 das Herausziehen des Schlußbolzens bewirkt, ist so zu stellen, daß die äußere linke Grenzfläche des Schlittens (immer vom Arbeiterstand aus gesehen) mit der an der hinteren Führung eingezeichneten Zahl 2 abschneidet. Nachdem die betreffenden Kopfschrauben fest angezogen worden sind, kann der Revolverkopfschlitten durch Verdrehen der Kurbel D (in der Uhrzeigerrichtung) bewegt werden. Bei zurückgestelltem Revolverkopf wird nun das Werkstück a in das Spannfutter Y gespannt und bei ausgerückter Kupplung 60 die Maschine in Gang gesetzt, nachdem die Antriebszahnräder 3—4 und die Schwinghebel A und S der Räderkästen nach Vorschrift eingestellt sind und die Klinke des Hebels O ausgehoben worden ist, um die Drehspindel 24 mit dem Arbeitszahnrade 22 zu kuppeln. Nun werden die Werkzeuge von b bis o durch Drehen der Handkurbel D nach dem Arbeitsplan (Fig. 13) genau zu dem Werkstück a eingestellt, und zwar bei jedem Vorwärtsgang für die betreffende Arbeitsstufe; dabei werden die Drehspindelgeschwindigkeiten nach der Berechnungstabelle 4 (S. 18), vorläufig von Hand, durch Umstellen des Hebels R, umgeschaltet. Am Ende des ersten Vorwärtsganges des Revolverkopfes ist die Anschlagschraube H^4 für die genaue Begrenzung des Revolverkopfschlittens einzustellen (Fig. 6, 8 und 9). Sie soll gegen den inneren Umschaltbock J anschlagen, wenn der Revolverkopf am Ende seiner Vorwärtsbewegung angelangt ist, und soll so gestellt werden, daß man beim Drehen der Handkurbel D eine geringe Spannung zwischen der Vorschubrolle 70 und der vordersten Umkehrstelle der Kurventrommel 69 herausfühlt. Der tote Gang, der sonst in dem Augenblick der Umkehrung entstehen könnte, wird durch diesen festen Anschlag vermieden.

Bei dem zweiten Vorwärtsgang des Revolverkopfschlittens wird bei ausgerückter Kupplung 85 der vordere Quersupportschlitten 91 eingestellt, indem durch einen Stiftschlüssel die vordere Quersupportwelle 86 (Fig. 8) unter Benutzung des Schlüsselloches w so lange hin oder her gedreht wird, bis der Schlitten die entsprechende Höchststellung erreicht hat, bei diesem Beispiel, bis die Endbewegung des Schlittens mit der Endbewegung des Revolverschlittens zusammenfällt, so daß beim Einschalten des schnellen Vorschubganges beide Werkzeugträger zu gleicher Zeit schnell zurückgleiten, wenn die Kupplung 85 eingerückt wird. Diese Kupplung bleibt nun eingerückt, da die Stellung des Quersupportschlittens zu dem Revolverkopfschlitten nunmehr nicht mehr verändert werden darf. Auch hier wird, wenn die Höchststellung des Schlittens festgestellt ist, die an der linken Seite des vorderen Supportes angebrachte Anschlagschraube 111 genau so eingestellt, wie oben für den Revolverkopfschlitten angegeben, damit kein toter Gang zwischen der Rolle 90 und der Kurventrommel 89 entsteht. Auf der Steuerscheibe 108 wird jetzt auch das Knaggensegment W eingestellt, was leicht möglich ist, weil die Stellung des Umschalthebels, der durch eine Verbindungsstange mit der Kupplung 85 verbunden ist, die richtige Stellung des Knaggensegments genau angibt. Kleine Unterschiede in der Stellung können durch die vorhandene Einstellvorrichtung an der Einschaltknagge genau ausgeglichen werden, indem die eigentliche Umschaltknagge durch eine Schraube entsprechend verstellt wird.

Bei dem dritten Vorwärtsgang des Revolverkopfschlittens wird der hintere Supportschlitten 101 auf gleiche Weise eingestellt, indem durch Verdrehen der hinteren Quersupportwelle 96 durch das Stiftloch w^1 (Fig. 8) die Supportwerkzeuge zu den Revolverwerkzeugen eingestellt werden, die Querbewegung durch die seitliche Anschlagschraube *112* begrenzt, die Kupplung *95* eingerückt und das Knaggensegment W^1 auf der Steuerscheibe *108* entsprechend befestigt wird. Die Kupplungen *85* und *95* dürfen von nun an nicht mehr ausgerückt werden, weil die Bewegungen der beiden Quersupporte von den Bewegungen des Revolverkopfschlittens abhängig bleiben müssen.

Es ist nun nicht immer erforderlich, daß die Quersupporte während des zweiten oder des dritten Vorganges des Revolverkopfschlittens arbeiten, sie können auch, je nachdem es das Werkstück *a* oder die Werkzeugstellungen des Revolverkopfes erfordern, so eingestellt werden, daß sie während der ersten oder vierten Arbeitsstufe zur Wirkung kommen, wenn die Knaggensegmente *W* und W^1 entsprechend eingestellt werden.

Nachdem beim **vierten Vorwärtsgang** die Reibahle *o* im Revolverkopf befestigt worden ist und alle Werkzeuge auf die richtigen Maße und Abstände eingestellt sind, läßt man durch Drehen der Kurbel *D* **sämtliche Arbeitsgänge nochmals ablaufen**, um: 1. Die Steuerknaggen *a—h* für die selbsttätigen Umschaltungen der drei Spindelgeschwindigkeiten, 2. die Steuerknaggen *1—7 (11)*, *2—8 (12)*, $M—M^1$ und *P* für das Ein-, Um- und Ausschalten der Vorschubgeschwindigkeiten des Revolverkopfschlittens einzustellen und 3. die Steuersegmente *W* und W^1 für die selbsttätige Ein- und Ausschaltung der Quersupportvorschübe auf den beiden Steuerscheiben *107* und *108* auf ihrer Stellung nochmals nachzuprüfen.

Man schaltet also die erste Umdrehungszahl für die **erste Arbeitsstufe** wieder ein und führt den Revolverkopf mit dem ersten Satz Werkzeugen *b—c—d* bis zur äußersten Stellung am Spannfutter wieder vor. In dieser Stellung muß der *0—360*-Strich der Steuerscheibe *107* mit der scharfen unteren Kante der Schaltnase P^1 der vorderen Umschaltstange in einer Richtung zeigen. Dann befestigt man die erste Umschaltknagge Nr. *1* an der rechten Fläche des äußeren Ansatzes so, daß sie bei der weiteren Drehung der Steuerscheibe *107* die kleine Klinke P^2 (Fig. 14) hebt, wodurch die Schaltstange P^1 freigegeben wird, nach links schnellt und den schnellen Vorschubgang einschaltet. Hat man die Kupplung *60* eingerückt, so geht der Revolverkopfschlitten selbsttätig mit dem schnellen Gang zurück, schaltet selbsttätig um und gleitet ebenso schnell wieder vor. Ist der zweite Werkzeugsatz mit dem Spiralbohrer *e* kurz vor dem Werkstück angelangt, so ist der Vorschub durch den Hebel *C* wieder auszuschalten und die zweite Umschaltknagge Nr. *2* wird so an der äußeren linken Fläche der Steuerscheibe *107* befestigt, daß sie die Schaltnase P^1 und somit die vordere

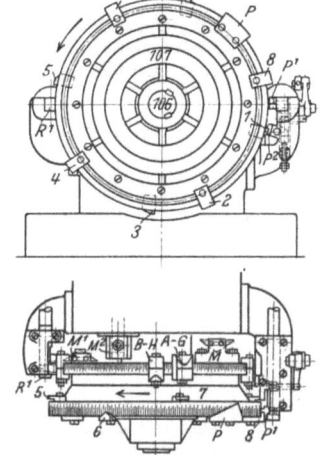

Fig. 14. Anordnung der Steuerknaggen zum Umschalten usw. der Vorschubgeschwindigkeiten.

Schaltstange wieder in die frühere Indexstellung zurückschiebt, wodurch der normale Vorschub wieder eingerückt wird. Da die erste Hälfte der Bohrung am Werkstück mit dem Schnellgang der Drehspindel gebohrt werden soll, so wird jetzt die Knagge *a* (mit hoher Schräge) so an der linken Seite des rechten Ansatzes der Steuerscheibe *107* befestigt, daß sie in demselben Augenblick die hintere Steuerstange R^1 (Fig. 15) nach rechts schiebt und so den schnellsten Gang an der Drehspindel einschaltet. Nach jeder Einstellung der Knaggen wird die Maschine zur Prüfung wieder eingerückt.

Tabelle 5. Werkzeug- und Maschinen-Einstellungsblatt zum

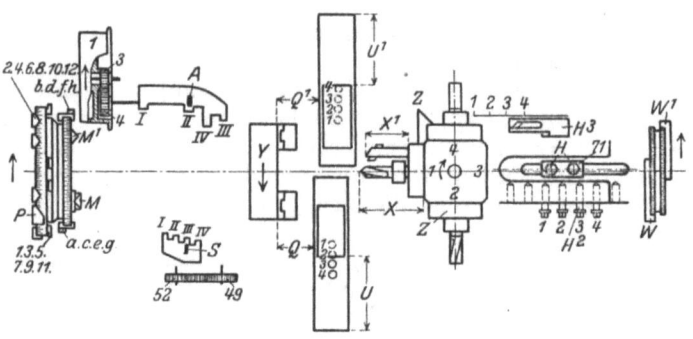

Werkzeug-Stellungen im und am Revolverkopf und Knaggen-Stellungen an

Revolver-kopf-fläche Nr.	Werkzeuge im Loch	Abstand X mm	Werkzeuge im Werkzeugbock Loch Nr.		Abstand X^1 mm	Stellungen für die Drehspindelgeschwindigkeiten	
						Bezeichnung	Auf Nr.
1	Werkzeughalter mit Anbohrer von 28 mm Ø und Halter mit □ Stahl zum Anbohren	273	1			a	179,3
			2	□ Stahl zum Außenüberdrehen	230		
			3				
			4			b	355
			5				
2	Werkzeughalter mit Spiralbohrer von 24 mm Ø	355	1			c	255
			2	□ Stahl zum Randanfasen	203		
			3				
			4			d	265,5
			5				
3	Werkzeughalter mit Kaliberbohrer von 24,7 mm und Ansatz mit □ Stahl zum Anfasen	346	1			e	345
			2	□ Stahl zum Außenschlichten	202		
			3				
			4			f	(b)
			5				
4	Pendelnde Reibahlenhalter mit nachstellbarer Reibahle von 25 mm Ø	390	1			g	
			2				
			3				
			4			h	
			5				

Einstellen des Halbautomaten.

Einrichten einer halbautomatischen Revolverdrehbank.

Skizze des Werkstückes:	Umdrehungen der Antriebsscheibe 1	Zähnezahlen der Antrieb-Zahnräder	Stellung der Schwinghebel	Zähnezahlen der Wechselräder	Stellung des Revolverkopfschlittens	Stellung der Quersupport-Vorschubrollen		Abstände der Quersupportschlitten vom Spannfutter		Abstand der Quersupportstahlhalter von den äußeren Kanten		Stellung der Umschaltknaggen für die Quersupporte	
						vorn	hinten	Q vorn mm	Q¹ hinten mm	U vorn mm	U¹ hinten mm	W vorn	W¹ hinten
Werkstoff: *Weiches Gußeisen*	3	4	A	S	49 52 72 Strich								
Art des Spannfutters: *Zweibackenfutter mit Sonderbacken* . .	300	30	21	III III	60 20 2	Mittel 2—3	Mittel 2—3	42	42	312	310	80°	350°

den Steuerscheiben				Werkzeug-Stellungen an den Quersupporten					
der Steuerknaggen				Art der Werkzeuge und Anzahl				Besondere Vorrichtungen	Bemerkungen
für die Revolverkopf-Vorschübe		für den Reibegang	für die Ausrückknagge	vorn		hinten			
Bezeichnung	Auf Nr.	M	M₁	P	Nr.	Abstand v. Spannfutter	Nr.	Abstand v. Spannfutter		
1	12				—		—			
2	354,5				—		—			
3										
4										
3	102				2 Stahlhalter mit je 1 □ *Stahl* 16×25 mm		—			
4	77,7				1	54				
5					2	84				
6										
5	192				—		2 Stahlhalter mit je 1 □ *Stahl*			
6	168				3	54				
					4	84				
7	282	123	155	301	—		—			
8	258									

Jetzt soll der vordere Quersupport die äußeren Planflächen des Rades bearbeiten, und so muß, wenn der Spiralbohrer e das Loch halb gebohrt hat, die Drehspindelgeschwindigkeit auf den langsamen Gang gebracht werden. Man stellt also eine niedrige Knagge b an der äußeren rechten Fläche der Steuerscheibe 107, damit die hintere Schaltstange R^1 nach links in die Mittelstellung gebracht wird und den langsamen Drehgang einschaltet. Das Steuersegment W an der Steuerscheibe 108 am rechten Ende der Maschine ist bereits am Anfang des zweiten Arbeitsganges eingestellt, so daß der vordere Übertragungshebel die Kupplung 85 bereits eingeschaltet und der vordere Quersupportschlitten seine selbsttätige Querbewegung erhalten hat. Da die selbsttätige Querbewegung immer mit der Längsbewegung des Revolverkopfschlittens zusammenfällt, so wird auch die Quersupportbewegung immer nach einer $^1/_4$-Umdrehung der Steuerscheibe 108 ausgerückt, weil die beiden Knaggen des Segmentes W um 90° versetzt sind. Je nach der Breite der Planflächen schaltet man die Quersupportbewegungen früher oder später ein. Die Hauptsache ist ja doch, daß die Stirnflächen möglichst am Ende der Längsbewegung des Revolverkopfschlittens gedreht werden, damit die Plan- und Längsbewegung zu gleicher Zeit zurückgeschaltet werden und die Bohrwerkzeuge, wenn sie verwendet werden, vorher möglichst mit dem schnelleren Vorschub arbeiten können. Die weiteren Einstellungen gehen nun so vor: die Knaggen mit ungeraden Zahlen schalten den schnellen Rückgang ein, die Knaggen mit geraden Zahlen den normalen Vorschubgang; die Knaggen a, c, e, g mit höheren Kurvenflächen an der rechten Seite der Steuerscheibe 107 schalten die mittlere Umdrehzahl der Drehspindel ein, auf der linken Seite desselben Ansatzes dagegen die höhere Umdrehungszahl; die Knaggen b, d, f, h mit niedrigen Kurvenflächen schalten immer die kleinste Umdrehungszahl der Drehspindel ein, gleichviel ob sie rechts oder links vom rechten Ansatz der Steuerscheibe 107 angebracht sind. Soll der Reibegang eingeschaltet werden, so wird eine besondere Knagge M an der rechten Fläche der Steuerscheibe 107 befestigt, die durch eine besondere Stange M^2 (Fig. 14) den Selbstgang über die Wechselräder 49÷52 treibt. Eine zweite Knagge M^1, die an derselben Fläche befestigt wird, rückt nach Beendigung der Reibebearbeit die Stange M^2 in ihrer ersten Stellung zurück. Ist die letzte Arbeitsstufe beendet und der Revolverkopfschlitten in die Schaltstellung zurückgelangt, dann wird die hohe Knagge P an der linken Seite der Steuerscheibe 107 so befestigt, daß sie die Schaltnase P^1 weiter nach rechts schiebt, als es die Knaggen 2÷12 für den normalen Vorschub tun und so durch die Schaltstange und durch den Hebel C die Spreizkupplung 56 ausrückt und die Revolverkopfbewegung stillsetzt. Ist die Maschine einmal eingerichtet, so hat der Arbeiter nur das Werkstück in dieser Stellung auszuspannen und ein neues Stück einzuspannen. Die Kurbel D ist stets während des selbsttätigen Ganges der Maschine abgezogen; an den Hebeln K und T für die Schaltung der Quersupporte darf, solange die selbsttätige Arbeit dauert, nicht gerührt werden.

Sind nach dem Einrichten sämtliche Steuerknaggen und Werkzeuge in richtiger Stellung, so sind die einzelnen Stellungen in einer Tabelle genau einzutragen, damit bei einer späteren Wiederholung derselben Arbeit das Einrichten erleichtert wird. Eine solche Mustertabelle 5 ist auf den Seiten 22—23 als Beispiel wiedergegeben.

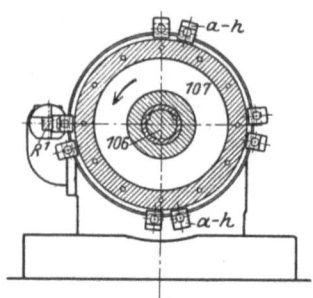

Fig. 15. Anordnung der Steuerknaggen für die Drehspindelgeschwindigkeiten.

III. Weiteres Bearbeitungsbeispiel.

Dieses Beispiel zeigt die Arbeitspläne zur vollständigen Bearbeitung eines Motorendeckels, der in zwei Aufspannungen fertig gestellt wird.

1. Aufspannung: Bearbeitung der inneren Seite (Fig. 16).

Der rohe Deckel a wird in ein zentrisch laufendes Dreibackenfutter Y mit entsprechenden Sonderspannbacken zuerst leicht eingespannt. In dem Werkzeugloch 1 des Revolverkopfes 73 sitzt ein Druckdorn b, der, bei ausgerückter Drehspindel, bei der ersten Arbeitsstufe des Revolverkopfes 73 von Hand gegen das Werkstück a gedrückt wird, so daß dieses gegen die geraden Planflächen der Spannbacken eine gute Anlage erhält. In dieser Stellung des Revolverkopfes werden die Spannbacken von Hand oder, wenn ein Druckluftspannfutter vorhanden ist, durch Drehen des Drucklufthebels, fest angezogen. Indem man nun durch Weiterdrehen der Handkurbel D den Revolverkopf mit dem Druckdorn b etwas zurückzieht, zieht man die Kurbel D ab und rückt die Maschine ein. Bei der zweiten Arbeitsstufe wird mittels einer Bohrstange mit zwei Stählen d und e die Bohrung mit Abrundung vorgedreht, während gleichzeitig der hintere Quersupport mit den Stählen c, g und h die Planfläche vordreht, die äußere Nute einsticht und die äußere Kante etwas anschrägt. In dem Werkzeugbock Z^2 steckt im Loch Nr. 3 außerdem ein Halter mit einem breiten Einstechstahl f, der eine Nute in die vordere Planfläche einsticht, um das Plandrehen bei der nächsten Arbeitsstufe zu erleichtern. Bei der dritten Arbeitsstufe arbeitet hauptsächlich der vordere Quersupport in Verbindung mit einem besonderen Schlittenstahlhalter x. Bei der Querbewegung des Supportschlittens führt sich der Ansatz v^2 an einem Lineal v^1 entlang, wodurch der Stahl i in die bereits vorgedrehte Nute geschoben wird, von wo aus er die Eindrehung des Deckels bis zur Bohrung ausdreht. Dann zieht der Ansatz v^2 durch die obere Schräge des Lineals v^1 und den Rückgang des Supportschlittens gezwungen den Stahl i wieder zurück. Das Führungslineal v^1 ist auf einer Schiene v befestigt, die auf der Leiste des Supportes pendelt. Am Ende der Supportbewegung drehen außerdem die Stähle k und l die äußere Fläche des Ansatzes, und zwar Stahl k den äußeren Durchmesser und Stahl l die vordere Fase. Bei der vierten Arbeitsstufe werden sämtliche wagerechten Flächen geschlichtet: die Bohrung und ihre Abrundung durch die Stähle m und n, die in einer Bohrstange des Revolverkopfes sitzen; der äußere Durchmesser und der genaue Durchmesser der Ausdrehung durch die Stähle p und o, die in zwei

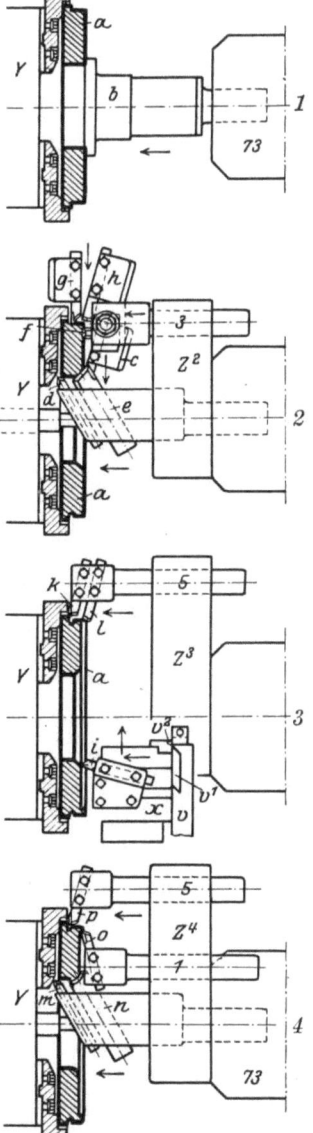

Fig. 16. Arbeitsplan für Motorendeckel. 1. Aufspannung.

Bohrstangen in den Löchern Nr. *1* und *5* des Werkzeugbockes Z^4 befestigt sind. Das halbfertige Teil kann nun ausgespannt werden.

2. **Aufspannung: Bearbeitung der äußeren Seite** (Fig. 17).

Der einseitig fertiggedrehte Deckel wird bei der fünften Arbeitsstufe auf dieselbe Weise eingespannt, wie unter 1. (S. 25) beschrieben. Dabei kann derselbe Druckdorn b verwendet werden. Das Spannfutter Y erhält dagegen außer den zum Durchmesser des Ansatzes passenden Aufsatzbacken noch einen Führungsring Z mit Einsatzbüchse aus Rotguß zur Führung mehrerer Revolverkopfverlängerungsbolzen c, g, n, wie aus den Einstellungen $6 \div 8$ zu ersehen ist.

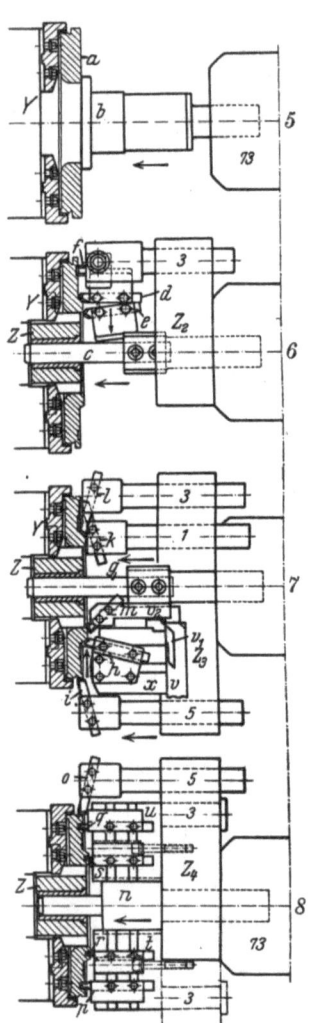

Fig. 17. Arbeitsplan für Motorendecke. 2. Aufspannung.

Bei der sechsten Arbeitsstufe dreht der hintere Quersupport mit zwei Stählen d und e die beiden vorderen Planflächen. Mit einem breiteren Einstechstahl f in einen Stahlhalter im Loch *3* des Werkzeugbockes Z^2 wird zu gleicher Zeit eine Nute für die vordere Aussparung vorgedreht. Durch den Führungsbolzen c im Revolverkopf erhält dieser eine Gegenführung in der Büchse Z des Spannfutters.

Bei der siebten Arbeitsstufe dreht der vordere Quersupport die doppelte Aussparung mit demselben Stahlhalter x der ersten Einspannung (vgl. S. 25) unter Anwendung eines anderen Lineals v^1, das wegen der doppelten Aussparung entsprechend abgesetzt ist. Der Absatz v^2 überträgt die Form des Lineals v^1 durch den Stahl h auf das Werkstück und zieht, am oberen Ende des Lineals v^1 angelangt, durch die Rückbewegung des Quersupportes den Stahl h selbsttätig aus der Aussparung des Werkstückes heraus, genau so wie bereits bei der ersten Einspannung beschrieben. Zu gleicher Zeit werden durch die drei Stahlhalter in den Löchern *1*, *3* und *5* des Werkzeugbockes Z^3 der äußere Durchmesser durch den Stahl i, der innere Durchmesser der Aussparung durch den Stahl k, sowie der äußere Kegel des mittleren Ansatzes durch den Stahl l auf genaues Maß gedreht. Der Grat, der durch das Plandrehen an der Bohrung entstanden ist, wird durch einen an dem Halter für die Führungsstange angebrachten Drehstahl m weggenommen.

Bei der achten Arbeitsstufe werden die beiden Nuten in die Planfläche eingestochen. Für jede Nute sind zwei Stähle p, q und r, s vorgesehen, die, damit keine Klemmungen entstehen, nur je eine Seite der Nuten angreifen. Die vier Stähle sind auf zwei Brücken t und u befestigt, die wiederum mit dem Werkzeugbock Z^4 in fester Verbindung stehen. Durch die Führungsstange n im Revolverkopf ist eine sichere Führung für alle vier Stähle gegeben. Außerdem wird der äußere Durchmesser des Deckels durch den Stahl o im Loch Nr. *5* des Werkzeugbockes Z^4 gleichzeitig auf genaues Maß gedreht. Nach Rückgang des Revolverkopfschlittens wird das fertig bearbeitete Werkstück ausgespannt.

Schlußwort.

Auf ähnliche Weise können alle vorkommenden Werkstücke wie Riemenscheiben, Muffen, Gehäuse, Lager, Kupplungen mit graden und schrägen Bremsflächen, Schwungscheiben, Kolben, Futterplatten und unter Anwendung von selbstöffnenden Gewindeschneidköpfen auch Teile mit Innen- und Außengewinden vorteilhaft in der kürzesten Arbeitszeit auf den halbautomatischen Revolverdrehbänken bearbeitet werden. Da eine Auswechslung der Vorschubkurven nicht erforderlich ist, so können diese Automaten sehr rasch umgestellt werden, vorausgesetzt, daß eine genügende Anzahl von Normalwerkzeugen und einige Sonderwerkzeuge, die immer wieder Verwendung finden, vorhanden sind.

Wenn die deutschen und amerikanischen Ausführungen in den einzelnen Konstruktionsteilen etwas voneinander abweichen, so kann die Maschine doch immer in der oben angegebenen Weise eingestellt werden. Der Hauptunterschied der beschriebenen Ausführung gegenüber der amerikanischen Urkonstruktion, die für alle anderen maßgebend wurde, liegt in der anderen Stellung der einzelnen Schaltscheiben innerhalb des Gestelles.

Der Monforts-Halbautomat.

Von Ingenieur A. Bleckmann.

I. Konstruktiver Aufbau des Halbautomaten.

Das Bett der Maschine (Fig. 1, 2 u. 3), das mit dem Spindelstock ein kastenförmiges Gußstück bildet, ist mit der Wasserschale verschraubt. Den Abschluß des Spindelstockes bildet eine große glatte Haube mit konsolartigen Füßen am Spindelstockende, auf die eine Lehrenschale m (Fig. 1) aufgeschraubt ist. Bei elektrischem Antrieb wird auf diese Füße statt dessen der Motor geschraubt. Ein großer Späneschacht in der Mitte des Bettes läßt durch eine Öffnung auf der Rückseite der Maschine die Späne heraustreten und verhindert so, daß sie sich unter der

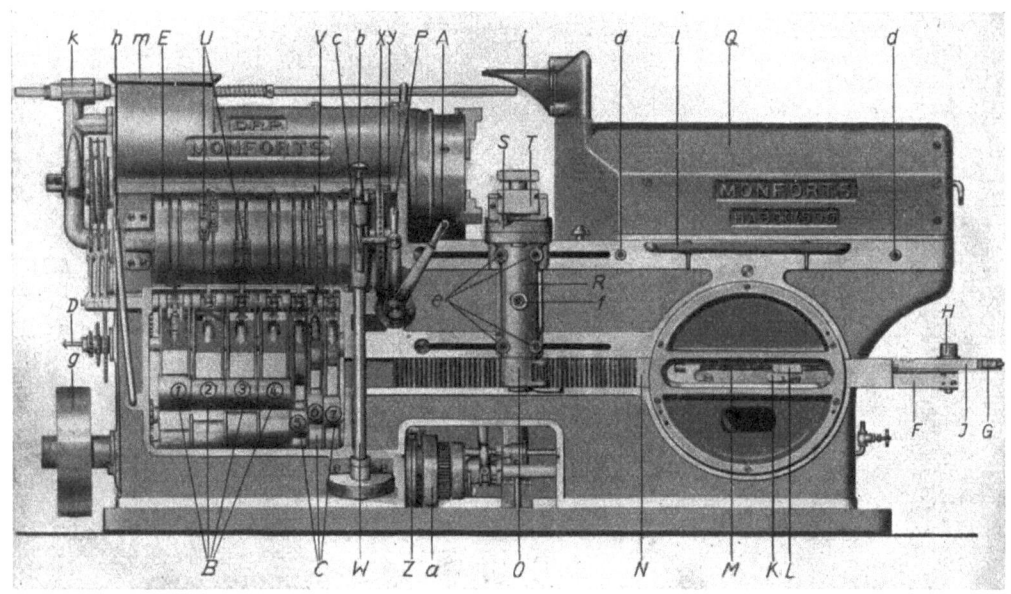

Fig. 1. Vorderansicht.

- A Geschwindigkeitshandhebel.
- B Kniehebel für Spindelgeschwindigkeitsänderung.
- C Kniehebel für Vorschubänderung.
- D Ziehkeilkupplung.
- E Steuertrommel.
- F Rollengleitschiene.
- G Äußere Querverbindung.
- H Mutter zum Schraubenbolzen.
- J Zahnstange.
- K Kuppelhaken.
- L Gegenhaken.
- M Stellspindel.
- N Gleitschiene für Quersupportantrieb.
- O Räderschwinge.
- P Maschinensteuerhebel.
- Q Revolverschlittenführung.
- R Quersupportkonsol.
- S Querschlittenführung.
- T Quersupportschieber.
- U Steuerkurven für Spindelgeschwindigkeit.
- V Steuerkurven für Vorschübe.
- W Schrägliegende Steuerwelle.
- X Steuerrad.
- Y Steuerkurve.
- Z Sperrklinke.
- a Planetgetriebe.
- b Handkurbel.
- c Einrückgriff.
- d Spannexzenter.
- e Klemmschrauben.
- f Kegelrad für Handeinstellung.
- g Antriebscheibe.
- h Abstellhebel.
- i Haube für Kopierleisten.
- k Vorrichtung zum Drehen rückwärtiger Naben.
- l Werkzeugschale.
- m Lehrenschale (nach Abnahme dient die Haube als Motorkonsol).

Schnittstelle ansammeln. Durch einige zweckmäßig verteilte Öffnungen, die mit leicht abnehmbaren Deckeln verschlossen sind, sind die im Innern der Maschine liegenden Teile leicht zugänglich. An der Vorderseite der Maschine ist eine Werkzeugschale l (Fig. 1) angeschraubt, auf die beim Einrichten bequem die erforderlichen Schlüssel, Lehren usw. abgelegt werden können.

Fig. 2. Rückansicht.

Fig. 3. Ansicht von oben.

Der Antrieb. Die Monforts-Halbautomaten besitzen Einscheibenantrieb, d. h., sämtliche Bewegungen der Maschine werden von der Antriebscheibe g (Fig. 1), die auf dem freien Ende der tief unten im Bett gelagerten Antriebwelle sitzt, und die eine sicherwirkende, durch gut erreichbaren Handhebel h (Fig. 1) ausrückbare Reibungskupplung besitzt, abgeleitet. Dadurch erübrigt sich ein Deckenvorgelege, doch muß der Riemen, falls die Maschine nicht senkrecht unter der Transmission steht, durch einen zur Maschine gehörenden Riemenleitrollenbock umgelenkt werden.

Die Drehspindel erhält ihren Antrieb, wie aus dem Schaltplan Fig. 4 ersichtlich, durch einen auf der Futterscheibe sitzenden großen Innenzahnkranz, in den ein Stahlritzel V eingreift. Die Ritzelwelle trägt bei dem großen drei, bei dem kleinen Modell zwei Zahnräder IV, die im Innern Reibungskupplungen haben. Die Reibungskupplungen können durch einen vorne an der Maschine bequem angeordneten Handhebel, Geschwindigkeitshandhebel A (Fig. 1) eingeschaltet werden, so daß drei bzw. zwei Geschwindigkeitsgruppen zur Verfügung stehen. In diese Zahnräder greifen entsprechende Gegenräder ein, die auf einer Welle sitzen, die außerdem ein Kettenrad, zwangläufiges Geschwindigkeitsrad (Fig. 4) sowie vier Riemenscheiben mit Überholungskupplungen trägt. Diese Welle wird von der Hauptantriebswelle, auf der ein kleines Kettenrad und eine vierfache Stufenscheibe

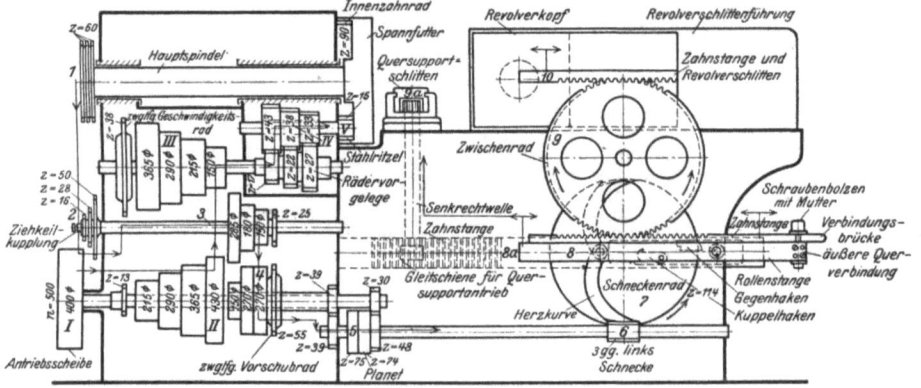

Fig. 4. Schaltplan des Halbautomaten.

$I \div V$ Spindelantrieb. $1 \div 10$ Vorschubantrieb für Revolverschlitten. $1 \div 9a$ Vorschubantrieb für Quersupportschlitten.

sitzen, angetrieben, in fünf Abstufungen, und zwar entweder durch die Kette mit der langsamsten Umlaufzahl oder durch einen von den vier Riemen auf der Stufenscheibe. Die Riemen sind alle so lang, daß sie frei über der Scheibe auf der Antriebwelle hängen und zunächst keine Kraft übertragen können. Erst durch Spannen jeweils eines Riemens durch den Kniehebel 1 (Fig. 6) wird die Antriebkraft von der Antriebwelle auf die obere Vorgelegewelle übertragen. Somit erhält die Spindel durch die Kette und die vier Riemen fünf Umlaufzahlen, die automatisch in beliebiger Reihenfolge geschaltet werden können. Diese fünf Umlaufzahlen können nun noch durch das Rädervorgelege (Fig. 4) drei- bzw. zweimal geändert werden, indem man durch den Geschwindigkeitshandhebel A (Fig. 1) die Friktionskupplung schließt, so daß 15 bzw. 10 verschiedene Umlaufzahlen der Spindel zur Verfügung stehen.

Durch die Überholungskupplungen 3 (Fig. 6) in dem Kettenrad und in den drei größeren Riemenscheiben der oberen Vorgelegewelle überträgt jeweils nur die höchste Antriebsgeschwindigkeit die Antriebkraft, während die Kette und die langsamer laufenden Riemen automatisch überholt werden.

Der Drehvorschub. Er wird durch drei Ketten von einem auf dem linken Ende der Hauptspindel sitzenden dreifachen Kettenrad (Fig. 4) auf drei Kettenräder der Vorschubzwischenwelle 3 übertragen. Durch Ziehkeilkupplung kann wahlweise je eins der verschieden großen Kettenräder mit der Welle gekuppelt werden. Im Bett trägt die Vorschubzwischenwelle ein Kettenrad und eine dreifache Stufenscheibe. Von hier wird die Vorschubbewegung durch eine Kette und drei Riemen auf eine, auf der Antriebwelle lose auf Kugeln gelagerten Büchse übertragen, die wieder ein Kettenrad (zwangläufiges Vorschubkettenrad Fig. 4) und eine dreifache Stufenscheibe trägt. Das Kettenrad auf der Büchse besitzt wie beim Spindelantrieb eine automatisch wirkende Rollenkupplung und die Riemen, die gleichfalls lose über die dreifache Stufenscheibe hängen, werden wie beim Spindelantrieb durch einen Kniehebel von der Steuertrommel 2 (Fig. 6) gespannt. Die Maschine besitzt also vier automatisch wechselnde Vorschübe, die durch die Ziehkeileinrichtung D (Fig. 1) dreimal geändert werden können, so daß im ganzen 12 verschiedene Vorschübe in drei Gruppen ohne Räderwechsel zur Verfügung stehen.

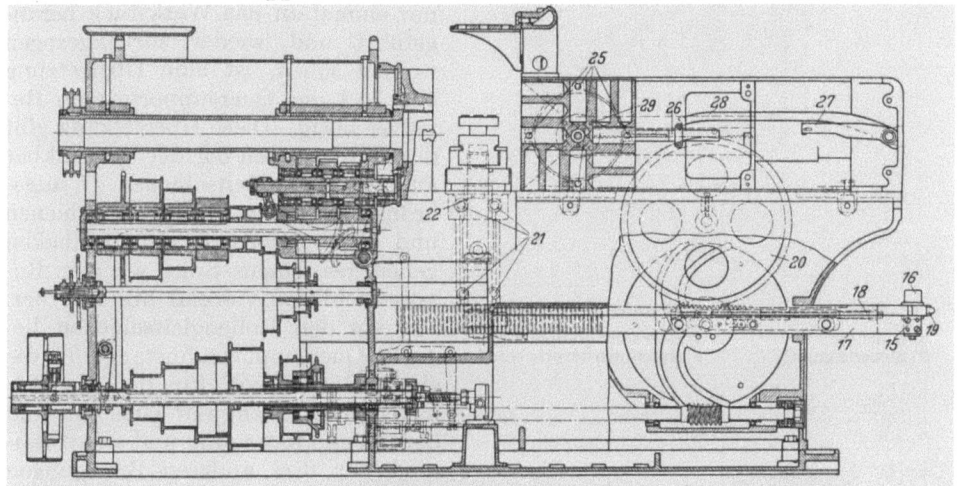

Fig. 5. Längsschnitt der Halbautomaten.

15 Äußere Querverbindung.
16 Schraubenbolzen mit Mutter.
17 Gleitschienen.
18 Zahnstangen.
19 Brücke.
20 Zwischenräder.
21 Schrauben zur Befestigung der Quersupportkonsole.
22 Schrauben zur Befestigung der Querschlittenführung.
25 Indexzapfen.
26 Klemmstücke.
27 Auslösstücke.
28 Umschaltstangen.
29 Umschaltstifte.

Von der obenerwähnten Büchse geht der Vorschubantrieb über zwei Zahnräder und einem Planetgetriebe 5 (Fig. 4) auf eine Welle, die eine dreigängige Schnecke 6 trägt. Diese Schnecke treibt durch ein Schneckenrad 7 die Kurvenachse, auf der zwei große Kurvenscheiben sitzen. In die Kurvenbahnen, die in die Kurvenscheiben eingefräst sind, greifen entsprechende Rollen ein, deren Bolzen in zwei Gleitschienen 8 die verschiebbar vorn und hinten an der Maschine in der Bettwand liegen, eingepreßt sind. Die Gleitschienen sind im Innern des Bettes und am hinteren Stirnende der Maschine durch Querstücke miteinander verbunden, so daß sie einen geschlossenen Rahmen bilden. In der äußeren Querverbindung 15 (Fig. 5) befindet sich ein starker Schraubenbolzen mit Mutter 16; auf den Gleitschienen 17 liegen ebenfalls verstellbar zwei Zahnstangen 18, die gleichfalls durch die Brücke 19 miteinander verbunden sind. In diese Brücke ist ein Schlitz eingefräst, durch den der eben erwähnte Schraubenbolzen ragt, so daß sie durch Anziehen der Mutter fest mit dem Gleitschienenrahmen verbunden werden kann. In die beiden Zahnstangen greifen zwei im Bettinnern liegende Zwischenräder 20 ein, die wiederum mit zwei Zahnstangen, die mit dem Revolverschlitten verschraubt sind, in Verbindung stehen. Die beiden Gleitschienen tragen ferner je einen beweglichen Kuppelhaken 36

(Fig. 7). Je ein entsprechender als Mutter ausgebildeter Gegenhaken 37 überträgt die Bewegung des Gleitschienenrahmens periodisch auf zwei weitere Gleitschienen 34, die vorne und hinten in der Bettwand liegen und die stirnseits gezahnt sind. In die Zähne dieser Gleitschienen greifen die an den Quersupportkonsolen befindlichen Räderschwingen 33 (Fig. 7) ein, die durch eine in den Quersupportkonsolen gelagerte senkrechte Welle die Bewegung auf die Quersupportschlitten übertragen.

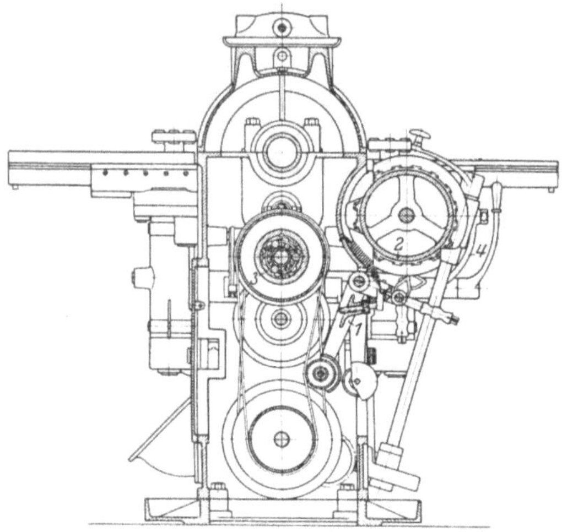

Wirkungsweise des Kuppelhakens (Fig. 7). Da die Quersupporte bei einem Bewegungsspiel des Revolvers, das sind vier Vor- und Rückläufe, nur einmal an das Werkstück herangeführt und wieder zurückgezogen werden sollen, ist eine Übersetzung von 1 : 4 der Quersupporte zum Revolver nötig. Diese Übersetzung gibt der Kuppelhaken 36, der schwenkbar an den Rollengleitschienen 17 angeordnet ist. Die Rollengleitschienen und mit ihnen der Kuppelhaken gehen bei einem Spiel wie der Revolverschlitten viermal hin und her. Die vor den Rollengleitschienen liegende Quersupportzahnstange 34, die einen Durchbruch für den Kuppelhaken hat, macht nur eine hin- und hergehende Bewegung und steht während der drei anderen Bewegungen der Rollengleitschienen still. Dies wird wie folgt erreicht: Die kleine Kurvenscheibe 35 hebt nach drei Blindläufen den Kuppelhaken an, der nunmehr den Gegenhaken 37, der auf einer in der Quersupportzahnstange gelagerten Gewindespindel 32 sitzt, mitnimmt und so den Quersupport bewegt. Nach beendetem Schnitt geht die Rollengleitschiene wieder zurück, der runde Rücken des Kuppelhakens gleitet in die Rundung des Durchbruchs der Quersupportzahnstange und drückt

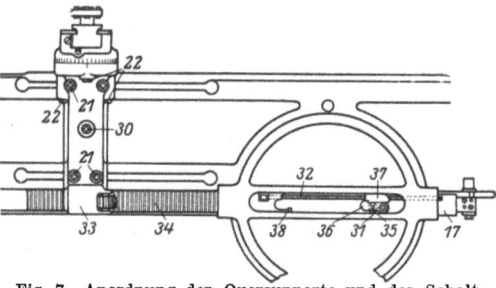

Fig. 6. Querschnitt der Maschine durch Spindelkasten.
1 Kniehebel.
2 Steuertrommel.
3 Überholungskupplung.
4 Maschinensteuerhebel.

Fig. 7. Anordnung der Quersupporte und des Schalthakens.
17 Rollengleitschienen.
21 Schrauben zur Befestigung der Quersupportkonsole.
22 Schrauben zur Befestigung der Querschlittenführung.
30 Kegelrad für Handeinstellung.
31 Stift.
32 Gewindespindel.
33 Räderschwinge.
34 Gleitschienen mit Stirnverzahnung.
35 Kurvenscheibe.
36 Kuppelhaken.
37 Gegenhaken.
38 Umschaltnase.

diese zurück. Gleichzeitig hat die Nase 38 die Kurvenscheibe 35 um 90° gedreht, so daß beim nächsten Vorwärtsgehen der Rollengleitschiene der Kuppelhaken nicht angehoben wird, d. h. unter den Gegenhaken weggleitet. Dieses Spiel wiederholt sich dreimal bis beim vierten Male die Quersupportzahnstange wieder mitgenommen wird. Um die Bewegung des Quersupportes zu einer bestimmten Seite des Revolvers zu erhalten, muß der mit der Kurvenscheibe verbundene Stift 31 an dem Kuppelhaken soweit herumgedreht werden, daß er nach unten steht, wenn die entsprechende Revolverseite nach vorne geht. In dieser Stellung ist die erhöhte

Stelle der Kurvenscheibe unten und der Kuppelhaken angehoben. Die Querschlittenbewegung kann bei der großen Maschine von 0÷260 mm, bei der kleinen Maschine von 0÷190 mm verstellt werden. Ist der Gegenhaken ganz nach vorne geschraubt, so haben die Quersupporte ihren größten Hub.

Schnellgang. Um die toten Zeiten, das sind die Zeiten, die für das Zurückziehen der Werkzeuge nach erfolgtem Schnitt, für das Umschalten des Revolvers und Wiederheranbringen der Werkzeuge an das Arbeitsstück erforderlich sind, auf ein Mindestmaß zu beschränken, besitzen die Maschinen Schnellgang. Die Eilbewegung wird unabhängig von den Vorschüben mit gleichbleibender Geschwindigkeit von der Hauptantriebwelle abgeleitet, und zwar durch ein auf der Antriebwelle sitzendes Zahnrad. Dieses Zahnrad greift in ein anderes ein, das eine Reibungskupplung hat und das lose auf der Vorschubschneckenwelle sitzt. Durch den Maschinensteuerhebel 4 (Fig. 6) wird die Kupplung jedesmal nach beendetem Schnitt geschlossen, wodurch die Schnecke mit hoher Drehzahl angetrieben wird, so daß die Werkzeuge im Schnellgang zurückgezogen und wieder in Arbeitsstellung gebracht werden.

Revolver. Fig. 5 u. 8 zeigen den Revolver, den Revolverschlitten und die Revolverschlittenführung. Der Revolver 40 ist auf zwei kräftigen Kugellagern im Revolverschlitten 41, der große prismatische Führungsflächen besitzt, um eine wagerechte Achse drehbar gelagert. Die Führungsflächen gleiten in prismatischen Flächen der Schlittenführung 42. Der Revolver hat vier Seiten. In jede dieser Seiten sind ein zentrales Werkzeugloch sowie zwei weitere Werkzeuglöcher für die Überdrehwerkzeuge eingebohrt. An beiden Seiten des Revolvers sind je vier Indexzapfen 25 mit kegeligen Flächen eingepreßt. Der Revolver wird durch zwei gespaltene Klemmstücke 26 verriegelt, die zu beiden Seiten des Revolvers im Revolverschlitten liegen und die beim Übergreifen auf die kegeligen Flächen der Indexzapfen auseinandergepreßt werden und sich in ihren Führungsschlitzen festklemmen. Beim Rücklaufen des Revolverschlittens stoßen die Klemmstücke gegen zwei Auslösstücke 27 (Fig. 5), die in der Rückwand der Revolverschlittenführung gelagert sind und die die Klemmstücke und damit den Revolver lösen. Beim weiteren Zurücklaufen des Revolverschlittens greifen zwei, ebenfalls in der Rückwand der Schlittenführung gelagerten Umschaltstangen 28 in je einen der

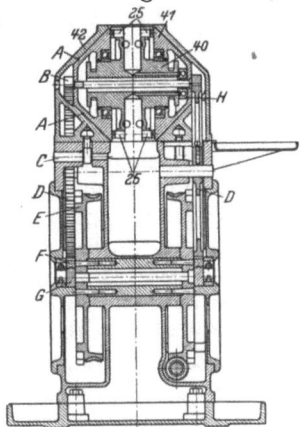

Fig. 8. Querschnitt der Maschine durch Revolverkopf.

25 Indexzapfen.
40 Revolver.
41 Revolverschlitten.
42 Schlittenführung.
A Führungsflächen.
B Zahnstange.
C Spannexzenter.
D Zwischenrad.
E Kurvenscheibe.
F Verschiebbare Zahnstange.
G Rollengleitschiene.
H Wasserzuführungsscheibe für Revolverwerkzeuge.

Umschaltstifte 29, die in die Lagerzapfen des Revolvers eingepreßt sind und schalten den Revolver um 90°.

Quersupporte. An der Vorder- bzw. Rückwand des Bettes sind Konsole R (Fig. 1) festgeschraubt, die die Quersupporte T tragen. Die Konsole sind in der Längsrichtung des Bettes beliebig verstellbar. Die eigentlichen Quersupportführungen S sind in den Konsolen drehbar und können durch Schrauben 22 (Fig. 7) festgestellt werden, so daß die Querschlitten in jeden beliebigen Winkel zur Spindelachse wie auch parallel zu ihr eingestellt werden können. Die beiden Quersupporte sind voneinander völlig unabhängig und können sowohl einzeln als auch zusammen mit jeder beliebigen Revolverseite arbeiten. Die Querschlitten werden durch den schon unter Vorschub erwähnten Kuppelhaken automatisch bewegt. Ein am unteren Ende der Konsolen angebrachtes Schwinggehäuse ermöglicht augenblicklich eine Verstellung der Vorschubrichtung der Querschlitten. Durch die Spindel des Gegenhakens kann die Bewegungslänge von 0 bis zur Größtlänge eingestellt werden.

Steuerung der Spindelumdrehungen und der Vorschübe. An der Vorderseite der Maschine ist eine Steuertrommel E (Fig. 1) gelagert. Auf diese Steuertrommel werden einfache Kurven U, V sowohl für die Spindelumdrehungen wie auch für die Vorschübe aufgeschraubt. Die Trommel wird durch ein Schraubenräderpaar und eine schrägliegende Welle W von der Schneckenwelle aus angetrieben. Die schräg liegende Welle treibt die Trommel durch Schnecke und Schneckenrad. Während eines Arbeitsspiels, d. s. vier Vor- und Rückbewegungen des Revolverkopfes, dreht sich die Trommel einmal. Die aufgeschraubten Kurvenstücke drücken nun, wenn die Trommel sich dreht, auf die Kniehebel 1 (Fig. 6) und spannen so die Riemen, wodurch automatisch die verlangte Spindelgeschwindigkeit bzw. der verlangte Vorschub eingerückt wird. Wird kein Kniehebel wegen Fehlens der Kurvenstücke auf dem entsprechenden Umfang der Trommel gegen die Riemen gedrückt, so rücken die Kettentriebe automatisch sowohl die langsamste Spindelumdrehung wie den kleinsten Vorschub der jeweils eingeschalteten Gruppe ein.

Steuerung des Arbeitsganges, Eilganges und Stillstandes. Neben der Steuertrommel liegt, ebenfalls vorn an der Maschine, das Steuerrad X (Fig. 1), das stirnseits eine Ringnut hat, in die einfache Kurvenstücke Y aus Flacheisen durch Schrauben festgespannt werden können. Vor dem Steuerrad liegt der Maschinensteuerhebel P (Fig. 1), der eine um $90°$ umlegbare Klinke unterhalb seines Handgriffes besitzt. Durch ein Gestänge im Innern des Bettes steht der Maschinensteuerhebel mit der im Abschnitt Vorschub erwähnten Schnellgangkupplung in Verbindung. Das Gestänge steuert ferner eine Sperrklinke Z, die das Planetbodenrad während des Drehvorschubes festhält. Die Schnellgang-Reibungskupplung steht unter Federdruck, der das Bestreben hat, die Kupplung zu schließen und den Maschinensteuerhebel mit seiner Klinke nach links gegen das Steuerrad zu drücken. Ist also in die Ringnute des Steuerrades keine Kurve eingesetzt, so wird die Klinke des Maschinensteuerhebels gegen das Steuerrad gedrückt. In dieser Stellung ist die Schnellgangkupplung geschlossen und Steuertrommel, Steuerscheibe und Revolver laufen mit Schnellgang. Wird nun durch eine Kurve in dem Steuerrad die Klinke des Steuerhebels nach rechts gedrückt, so wird die Schnellgangkupplung geöffnet und die Sperrklinke des Gestänges hält das Bodenrad fest, so daß das Planetrad vom innenverzahnten Bodenrad den Drehgang abwälzt. Wird in die Ringnut des Steuerrades eine höhere Kurve als die Arbeitskurve eingespannt, so drückt diese den Maschinensteuerhebel noch weiter nach rechts, wodurch nunmehr nicht nur die Schnellgangkupplung gelöst, sondern auch die Sperrklinke ausgerückt wird. Hierdurch wird das Planetbodenrad freigegeben und der Drehgang ausgeschaltet. Durch Hochheben der Klinke am Maschinensteuerhebel werden alle Kurven in der Ringnut des Steuerrades übergangen, so daß die Maschine im Schnellgang ein ganzes Bewegungsspiel durchläuft.

Eine Handkurbel b (Fig. 1) auf der schräg liegenden Antriebwelle für die Steuertrommel dient zum Steuern der Vorschub- bzw. Rückzugbewegung von Hand beim Einstellen der Maschine. Ein Sicherungsstift am Maschinensteuerhebel verhindert, daß die Kurbel unbeabsichtigt gedreht wird. Diese Sicherheitseinrichtung blockiert ferner noch den Gebrauch der Handkurbel, solange die Maschine mit automatischem Vorschub oder Schnellgang arbeitet.

II. Einrichten des Halbautomaten.

Das Einrichten der Maschine ist durch die übersichtliche Anordnung und leichte Erreichbarkeit der Kurventrommel und Steuerscheibe, sowie der Bedienungshebel äußerst einfach.

Einstellen der Revolverschlittenführung. Je nach Länge des Werkstückes muß die Revolverschlittenführung auf dem Bett vor- oder zurückgesetzt werden. Zu diesem Zweck löst man, nachdem von Hand der Revolver ungefähr in Mittelstellung gekurbelt ist, die Spannexzenter d (Fig. 1) und verschiebt durch Rechts- oder Linksdrehen der Handkurbel die Schlittenführung nach vorne oder hinten, bis der Pfeil auf dem unteren Rande der Schlittenführung die nötige Entfernung der Vorderkante der Führung von der Futtervorderkante, auf der Einstellskala am Bett anzeigt. Dann werden die Spannexzenter wieder angezogen, und nunmehr wird die Mutter H des Schraubenbolzens an der Querverbindung gelöst. Die Handkurbel muß nun so lange gedreht werden, bis der Pfeil auf den Rollengleitschienen F den gleichen Skalenwert auf der Zahnstange anzeigt wie der Pfeil auf der Schlittenführung Q am Bett. Dann wird die Mutter wieder kräftig angezogen. Die Längsbewegung des Revolvers ist von der Revolverschlittenführung unabhängig und beträgt stets bei der großen Maschine 400 mm, bei der kleinen Maschine 270 mm einschließlich des Umschaltweges.

Einstellen der Quersupporte. Nach Lösen der Spannschrauben 21 (Fig. 7) lassen sich die Quersupporte in der Längsrichtung des Bettes verschieben. Je nach der

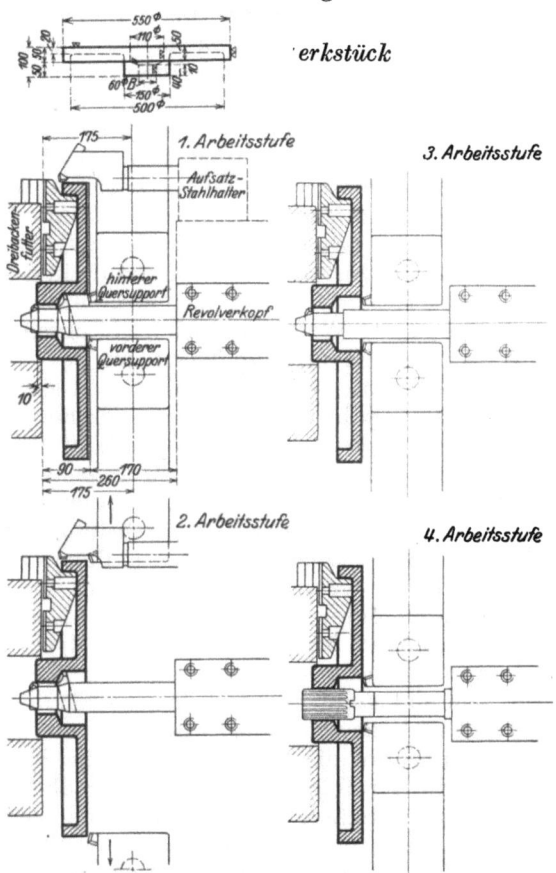

Fig. 9. Einstellen der Werkzeuge zur Bearbeitung eines Trommelbodens.

[Zur besseren Darstellung der Revolverwerkzeuge ist der Revolver außer in seiner wirklichen Stellung auch um seine wagerechte Achse in die Bildebene umgelegt gezeichnet (gestrichelt).]

Art des Werkstückes sind nun die Quersupporte vor oder hinter das Werkstück zu setzen und die Spannschrauben wieder gut festzuziehen. Die Querschlittenführung S ist dem Werkstück entsprechend entweder rechtwinklig zur Spindelachse oder in einen vom Werkstück verlangten Winkel einzustellen. Dieses geschieht durch Lösen der Spannschrauben 22 (Fig. 7) und Drehen der Querschlittenführung, bis der Pfeil auf den Quersupportkonsolen den Winkelwert auf den Drehteilen anzeigt. Dann müssen auch diese Spannschrauben wieder gut angezogen werden. Die beiden Spannschrauben 21 am unteren Ende der Quersupportkonsole klemmen gleichzeitig auch die Räderschwingen O (Fig. 1) fest, die der erforderlichen Bewegungsrichtung entsprechend nach rechts oder links in die Zahnstange eingeschwenkt werden müssen. Dieses Einschwenken und Festklemmen geschieht aber erst, nachdem die Quersupportwerkzeuge richtig eingestellt sind. Der Hub der Quersupporte wird durch Verstellen des Gegenhakens L auf der Gewindespindel M eingestellt.

Einstellen der Werkzeuge. Das Einstellen der Revolver- und Quersupportwerkzeuge sei an einem zur Bearbeitung vorliegenden Trommelboden (Fig. 10) näher erklärt. Um den Trommelboden Plandrehen zu können, müssen die Quersupportschlitten sich zwischen dem Werkstück und dem ganz vorgelaufenen Revolver bewegen können, wodurch ein Abstand des Revolvers von der Futtervorderkante von 260 mm erforderlich ist. Der Skalenwert am Revolverkopfsattel und an der Zahnstange beträgt also 260. Die Planfläche des Trommelbodens ist von der Futtervorderkante 90 mm entfernt, so daß sich zwischen dem Werkstück und dem vorgelaufenen Revolver ein Raum von 170 mm befindet. Die Nabe des Trommelbodens ragt 10 mm in die Bohrung des Futters hinein. Nun setzt man den Bohrstahlhalter für die erste Arbeitsstufe in das Zentralloch der nach oben stehenden Revolverfläche ein (man nimmt die nach oben gekehrte Revolverseite, da hier das eingespannte Werkstück beim Einführen der Stahlhalter nicht hindert) und mißt von der Revolverkopffläche bis zur Vorderkante des kleinen Bohrstahls 260 mm + 10 mm + 5 mm Überlauf und spannt den Bohrstahlhalter fest. Dann wird der Bohrstahl für die Nabeneindrehung eingespannt und zwar so, daß die Spitze des Stahles von der Revolverkopffläche 220 mm und von der Achse des Stahlhalters 55 mm entfernt ist. Um den Außendurchmesser des Trommelbodens drehen zu können muß ein Aufsatzstahlhalter auf die nächstfolgende Revolverseite gespannt werden, in den der Überdrehstahlhalter eingesetzt wird. Der Abstand der Schneidkante des Überdrehstahles muß, da der Zwischenraum zwischen Trommelboden und Revolvervorderkante 170 mm und der Trommelbodenrand 50 mm ist, 170 mm + 50 mm + 5 mm Überlauf = 225 mm sein. Genau so verfahre man mit den Werkzeugen für die anderen Revolverseiten. Hierauf verschiebe man die Quersupportkonsole so, daß ihre Mitten 175 mm von der Futtervorderkante entfernt sind und stelle, nachdem die Konsole durch die oberen Spannschrauben festgespannt sind, die Quersupportdrehteile bzw. die Querschlitten senkrecht zur Drehachse und spanne die Drehteile durch die Spannschrauben 22 (Fig. 7) fest. — Zu beachten ist nun folgendes: Sämtliche Stähle, sowohl die Revolverstähle als auch die Quersupportstähle, erreichen ihre Endstellung gleichzeitig. Aus diesem Grund ist es bei vorliegendem Werkstück vorteilhafter, die Quersupporte von innen nach außen als umgekehrt arbeiten zu lassen. Würden die Quersupporte, die den größten Arbeitsweg zu machen haben, von außen nach innen arbeiten, so müßte das Werkstück, um der anzuwendenden Schnittgeschwindigkeit zu entsprechen, je weiter die Stähle zur Mitte kämen, sich um so schneller drehen. Sowie aber der Überdrehstahl zu schneiden anfing, müßte die Umdrehungszahl diesem angepaßt werden, d. h. das Werkstück müßte wieder langsamer laufen.

Arbeiten aber die Quersupporte von innen nach außen, so läuft das Werkstück im Anfang schnell und verringert seine Umdrehungen je weiter die Quersupportstähle nach außen kommen. Fängt dann der Überdrehstahlhalter an zu schneiden, so sind die Quersupportstähle so weit nach außen gekommen, daß die Umdrehungszahl, die das Werkstück dann hat, auch der Schnittgeschwindigkeit für das Drehen des Außendurchmessers entspricht. Die Quersupportschlitten werden deshalb, wie aus Fig. 9 zu ersehen, durch Drehen des Kegelrades 30 (Fig. 7) so weit nach innen geschoben, bis ihre Vorderkante 20 mm von der Spindelmitte entfernt ist. Dann

Einrichten des Halbautomaten. 37

werden die Quersupportstähle festgespannt und durch Drehen des eben erwähnten Kegelrades die Querschlitten so weit nach außen gezogen, bis die Stähle die Planfläche etwas überschritten haben. Da mit beiden Quersupporten gleichzeitig gearbeitet, d. h. mit dem vorderen Quersupport geschruppt und mit dem hinteren geschlichtet werden soll, ist beim Einspannen der Stähle darauf zu achten, daß der Schruppstahl dem Schlichtstahl um einige Millimeter vorausläuft.

Nachdem so die Revolverwerkzeuge und Quersupportstähle roh eingestellt sind, wird mit der Handkurbel die Maschine so weit durchgekurbelt, bis der Revolver mit den Werkzeugen für die zweite Arbeitsstufe (die Quersupporte sollen erst in der zweiten Arbeitsstufe arbeiten) in seine vorderste Stellung gekommen ist. Jetzt wird der Stift *31* (Fig. 7) des Kuppelhakens so weit herumgedreht, bis er nach unten zeigt und die Kurvenscheibe den Kuppelhaken angehoben hat.

Durch die Gewindespindel *32* (Fig. 7) wird dann der Gegenhaken bis zur Nase des Kuppelhakens vorgestellt. Hierdurch ist der Quersupportantrieb, der auf Zug arbeitet, eingestellt. Der Revolver wird jetzt wieder in seine rückwärtige Stellung gekurbelt und die Quersupportschieber durch das Kegelrad so weit zurückgefahren, bis die Stähle gut freikommen und sich das Werkstück gut ein- und ausspannen läßt.

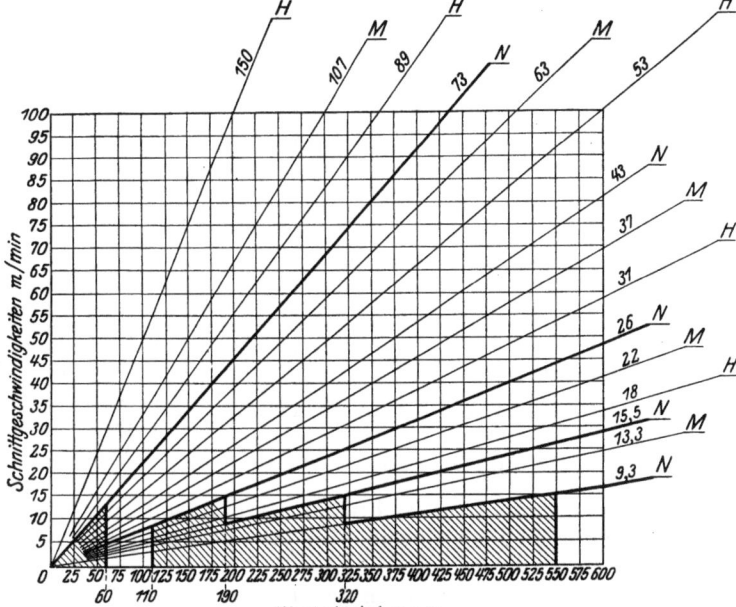

Fig. 10. Sägediagramm für Halbautomat mit 300 Drehlänge und 500 Drehdurchmesser.

H Hohe Gruppe.   *M* Mittlere Gruppe.   *N* Niedere Gruppe.

Dann werden noch die Räderschwingen *33* (Fig. 7), nachdem sie zum Eingriff mit den Quersupportzahnstangen *34* gebracht sind, durch die unteren Spannschrauben an den Quersupportkonsolen festgeklemmt. Ist kein fertiges Werkstück vorhanden, sondern muß man die Werkzeuge an einem rohen Stück einstellen, so spanne man zuerst die Revolverwerkzeuge ungefähr nach der Werkstückzeichnung ein und drehe das Werkstück durch langsames Drehen der Handkurbel bis die Stähle das Werkstück durchbohrt, überdreht usw. haben. Mit den Quersupportwerkzeugen verfahre man ebenso und drehe mittels Kegelrades und Einheitsschlüssel das Werkstück fertig. Nachdem alle Maße erreicht sind, stellt man die Werkzeuge auf richtige Länge ein und klemmt die Schwinggehäuse fest.

Einstellen der Spindelgeschwindigkeiten. Wie aus dem Sägediagramm (Fig. 10) hervorgeht, sind bei einem Durchmesser des Trommelbodens von 550 mm und einer Schnittgeschwindigkeit von 15 m/min (für Gußeisen) 9,3 Spindelumdrehungen nötig. Es kommt also für dieses Werkstück die niedrige Geschwindigkeitsgruppe

38   Der Monforts-Halbautomat.

in Frage, d. h. der Geschwindigkeitshandhebel muß ganz nach rechts eingerückt werden. Hierdurch stehen die Spindelumdrehungen: 9,3; 15,5; 26; 43 und 73 zur Verfügung, die durch Andrücken der entsprechenden Kniehebel an die Riemen durch Kurvenstücke auf der Steuertrommel eingerückt werden können. Wird kein Kniehebel angedrückt, d. h. ist auf der Steuertrommel keine Kurve aufgeschraubt, so rückt die zwangläufige Spindelgeschwindigkeit automatisch ein und die Spindel dreht sich mit der langsamsten Umlaufzahl der betreffenden Gruppe.

Wie aus Bild I des Beispiels (Fig. 9) ersichtlich, soll in der ersten Arbeitsstufe der Außendurchmesser, die Bohrung und die Nabeneindrehung geschruppt werden. Das Werkstück muß, da die Bohrung gleichzeitig mit dem Außendurchmesser gedreht wird, der Überdrehstahl also zu gleicher Zeit mit dem Bohrstahl zu schneiden anfängt, nach dem Sägediagramm mit 9,3 Umdr./min laufen. Auf die Steuertrommel darf also kein Kurvenstück aufgeschraubt werden.

Bild II (Fig. 9) zeigt, daß in der zweiten Arbeitsstufe die Planfläche des Trommelbodens vom vorderen Quersupport geschruppt und vom hinteren Quersupport geschlichtet werden soll. Ferner sollen der Außendurchmesser, die Bohrung und die Nabeneindrehung geschlichtet werden. Wie schon erwähnt, erreichen sämtliche Schneidstähle eines Arbeitsganges ihre Endstellung gleichzeitig, woraus hervorgeht, daß die Quersupportstähle viel früher anfangen müssen zu schneiden als die Revolverwerkzeuge. Aus dem Sägediagramm sind nun die Umlaufzahlen zu ersehen, die das Werkstück erhalten muß, je weiter die Quersupporte nach außen kommen. Das Diagramm zeigt, daß bei einer Schnittgeschwindigkeit von 15 m/min, die nicht überschritten werden soll, das Werkstück so lange mit 26 Umdrehungen laufen muß, bis die Quersupporte einen Durchmesser von 185 mm plangedreht haben. Um aber 26 Umdrehungen für die Spindel zu erhalten, muß der Kniehebel Nr. *2* gegen den Riemen angedrückt werden. Auf der Steuertrommel muß demnach eine Kurve über dem Kniehebel Nr. *2* aufgeschraubt werden (siehe Fig. 11, Tafel I). Die Kurven für die Spindelgeschwindigkeiten sowohl wie für die Vorschübe sind unveränderlich und werden mit den Maschinen geliefert.

Minutliche Spindelumläufe				
Zwangläufige Geschw.	Riemenspannrollenhebel ① ② ③ ④				Hebelstellung
9,3	15,5	26	43	73
13,3	22	37	63	107
18	31	53	89	150

Tafel I.

Vorschub/Spindelumläufe mm				
Ziehkeilstellung	Riemenspannrollenh. ⑤ ⑥ ⑦			Zwangläufiger Vorschub
	2,0	0,7	0,57	0,48
	1,2	0,4	0,33	0,27
	0,68	0,23	0,19	0,15

Tafel II.

Fig. 11. Tafeln zur Maschine: 300 Drehlänge, 500 Drehdurchmesser.

Ist der Durchmesser von 185 mm erreicht, so muß, da die Schnittgeschwindigkeit beibehalten werden soll, die Umlaufzahl geändert werden, und zwar muß jetzt, wie das Sägediagramm zeigt, das Werkstück solange mit 15,5 Umdrehungen laufen, bis ein Durchmesser von 320 mm erreicht ist. Es muß also nunmehr der Kniehebel Nr. *2* von der Kurve auf der Steuertrommel abgleiten und der Kniehebel Nr. *1* durch eine neue Kurve gespannt werden. Hierbei ist zu beachten, daß der Kniehebel Nr. *1* den Riemen schon gespannt hat, wenn der Kniehebel Nr. *2* den Riemen entspannt. Sind nämlich die Kurven so aufgeschraubt, daß der eine Kniehebel den Riemen schon entspannt, der andere jedoch den zugehörigen Riemen noch nicht gespannt hat, so tritt zwar kein Stillstand der Maschine ein, aber die Spindel dreht sich nur mit der automatisch einrückenden zwangläufigen Spindelgeschwindigkeit. Nachdem bis zu einem Durchmesser von 320 mm gedreht worden ist, wird der Kniehebel Nr. *1* freigegeben und das Werkstück für den Rest der Arbeit, wie aus dem Sägediagramm ersichtlich, mit der zwangläufigen Spindelgeschwindigkeit 9,3 Umdrehungen, gedreht. Es darf also kein Riemen mehr durch einen

Kniehebel gespannt sein, sondern die Antriebskraft muß durch die Kette übertragen werden.

Für die dritte Arbeitsstufe, Bild III (Fig. 9), in der die Bohrung noch einmal nachgeschlichtet werden soll, und für die vierte, Bild IV, in der die Bohrung aufgerieben wird, gibt das Diagramm 73 Umdr./min für das Werkstück an. Kniehebel Nr. 4 muß also sowohl in der dritten wie in der vierten Arbeitsstufe durch eine aufgeschraubte Kurve gegen den Riemen gedrückt werden und diesen spannen.

Nachdem so die Spindelgeschwindigkeiten eingestellt sind, müssen in der gleichen Art die Vorschübe gesteuert werden.

Wie schon erwähnt, stehen drei Gruppen oder im ganzen 12 verschiedene Vorschübe zur Verfügung. Der Trommelboden soll im ersten und zweiten Arbeitsgang mit 0,48 mm/Umdr., im dritten mit 0,7 und im vierten mit 2 mm/Umdr. bearbeitet werden.

Zunächst ist, wie aus Tafel II (Fig. 11) für die Vorschübe ersichtlich, der Ziehkeil von Hand in Stellung 3 zu bringen und das große Zahnrad zu kuppeln. Dann wird im ersten und zweiten Arbeitsgang kein Vorschubriemen gespannt, da der Vorschub 0,48 mm zwangläufig ist, d. h. die Vorschubbewegung wird durch das zwangläufige Vorschubkettenrad übertragen. Im dritten Arbeitsgang muß, um einen Vorschub von 0,7 mm zu erhalten, auf der Steuertrommel über dem Kniehebel Nr. 6 eine Vorschubkurve (die in ihrer Höhe etwas niedriger sind als die Kurven für die Spindelgeschwindigkeiten) aufgeschraubt werden, die den Kniehebel Nr. 6 gegen den zugehörigen Vorschubriemen drückt und ihn spannt.

Für den vierten Arbeitsgang wird der Reibahlenvorschub genommen, der durch Andrücken des Kniehebels Nr. 5 erzielt wird.

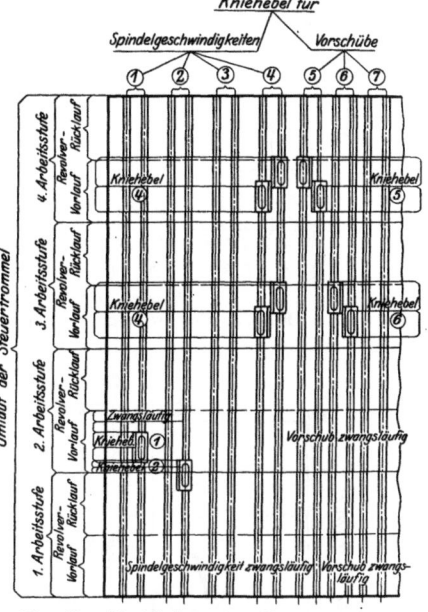

Fig. 12. Abwickelung der Steuertrommel.

In Fig. 12 ist die Steuertrommel abgewickelt. Sie veranschaulicht die Anordnung der Kurven für die Spindelgeschwindigkeiten und Vorschübe auf den Umfang der Steuertrommel.

Einstellen der Arbeitsknaggen des Schnellganges und Stillstands. Wie schon im Abschnitt: Steuerung des Arbeitsganges, Schnellganges und Stillstands beschrieben, reguliert der Maschinensteuerhebel, der durch Federdruck gegen die Steuerscheibe gedrückt wird, die Bewegungen der Maschine. Liegt der Steuerhebel mit seiner Klinke unmittelbar an der Steuerscheibe an, so läuft die Maschine mit Eilgang, und zwar so lange, bis eine Arbeitsknagge den Maschinensteuerhebel in Mittelstellung bringt und so den Drehvorschub einschaltet. Drückt dann nach beendeter Arbeit eine Stillstandsknagge den Hebel noch weiter nach rechts, so wird der Vorschub der Maschine stillgesetzt.

Die Arbeitsknaggen müssen entsprechend der Drehlänge bei den einzelnen Arbeitsgängen abgelängt werden. Zu diesem Zweck wird die Maschine mit der Handkurbel so weit durchgekurbelt, bis der zuerst schneidende Stahl das Werkstück beinahe erreicht hat. Nun wird eine Arbeitsknagge in die Steuerscheibe gespannt, und zwar so, daß sie gerade den Maschinensteuerhebel mit seiner Steuerklinke in die Mittelstellung gedrückt hat. Dann kann die Maschine arbeiten, und

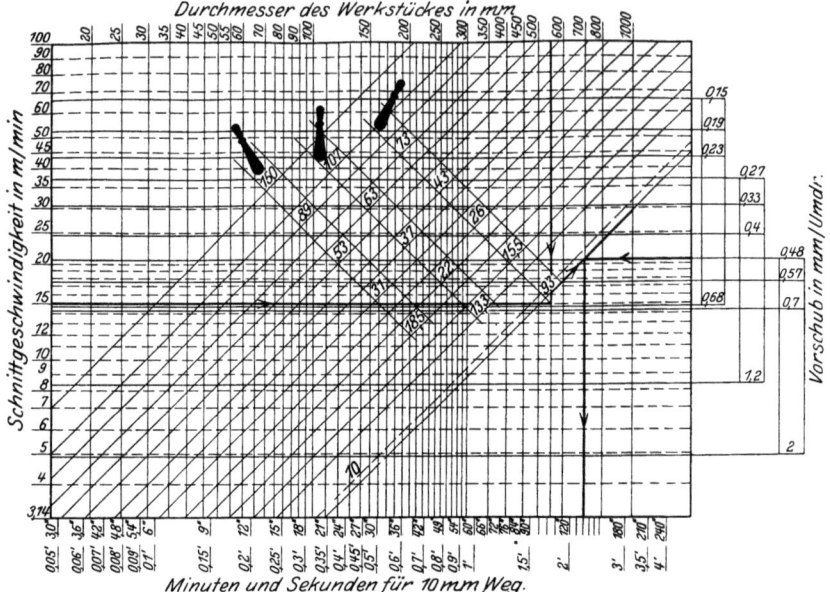

Fig. 13. Geschwindigkeit- und Zeittafel der Maschine mit 300 Drehlänge und 500 Drehdurchmesser.

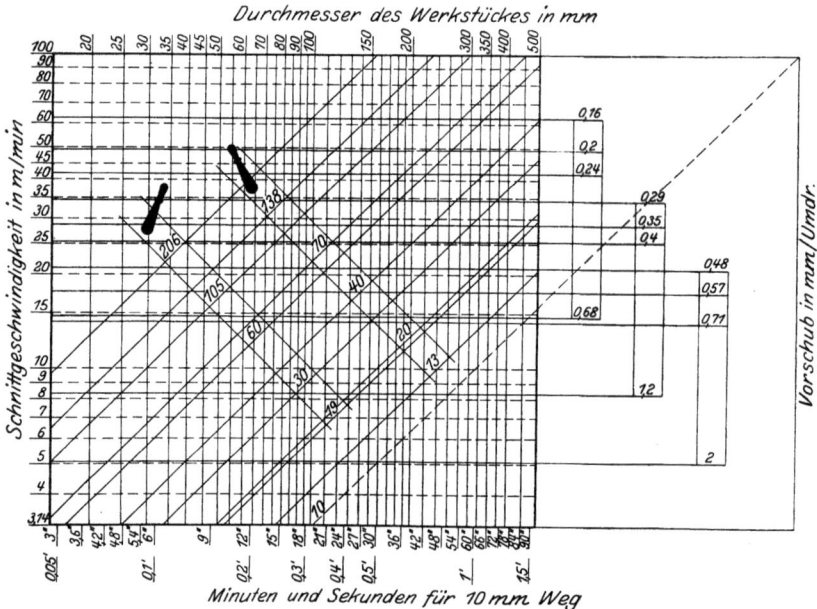

Fig. 14. Geschwindigkeit- und Zeittafel der Maschine mit 200 Drehlänge und 250 Drehdurchmesser.

zwar so lange, bis der Revolver seine vorderste Stellung erreicht hat. Mit einer Reißnadel wird jetzt die Unterkante der Steuerklinke auf der Arbeitsknagge angerissen und die Anfangskante der Arbeitsknagge auf der Steuerscheibe angezeichnet. Hierauf wird die Maschine wieder mit der Handkurbel so weit durchgekurbelt, bis die Stähle der zweiten Revolverseite bzw. der Quersupporte beinahe das Werkstück erreicht haben. Nun wird wieder eine Arbeitsknagge in die Steuerscheibe geschoben und mit dieser und den für die dritte und vierte Revolverseite noch folgenden genau so verfahren wie mit der ersten. Sind für alle Operationen die Arbeitsknaggen angerissen und ist das Werkstück fertig gedreht, so muß der Revolver in seine rückwärtige Stellung gebracht und in die Steuerscheibe eine Ausrückknagge so eingeschoben werden, daß sie den Maschinensteuerhebel in dieser Stellung ganz nach links gedrückt hat. Nachdem die Ausrückknagge festgespannt ist, wird die Maschine noch einmal von Hand durchgekurbelt, und die einzelnen Arbeitsknaggen werden losgeschraubt, auf Länge abgesägt und wieder festgespannt. Die so für ein bestimmtes Arbeitsstück abgelängten Arbeitsknaggen müssen nach beendeter Arbeit unverändert aufbewahrt werden, damit sie bei einer Wiederholung der Arbeit sofort wieder gebraucht werden können. Die Ausrückknagge hat immer die gleiche Länge und kann für jedes Werkstück gebraucht werden. Nachdem so die Maschine eingerichtet ist, wird durch Hochheben des Einrückstiftes c (siehe Fig. 1) die Maschine eingerückt und arbeitet nunmehr bis auf das Ein- und Ausspannen des Werkstückes vollkommen automatisch. Beim Hochziehen des Einrückstiftes wird gleichzeitig die Handkurbel hochgehoben und durch einen Bolzen blockiert.

III. Leistungsberechnung.

Die reine Laufzeit wird für ein Werkstück mit Hilfe der Geschwindigkeitstafeln Fig. 13 und 14 berechnet und sei an dem Beispiel des Trommelbodens erläutert. Fig. 15 Tafel I und II zeigen noch die bei der kleinen Maschine zur Verfügung stehenden Spindelumdrehungen und Vorschübe.

Die 1. Arbeitsstufe. Der Überdrehstahlhalter hat für den Außendurchmesser den größten Schnittweg, der sich zusammensetzt aus: 50 mm Randbreite plus 5 mm Bearbeitung plus 5 mm Vor- und 5 mm Leerlauf, demnach 50 + 5 + 5 + 5 = 65 mm. Hinzu kommt noch ein Zuschlag von 15 mm, der durch eine gegen Ende der Vorschubbewegung eintretende Verzögerung des Vorschubs bedingt ist. Mit anderen Worten: für die letzten 5 mm des Vorschubweges werden bei der Leistungsberechnung stets 20 mm eingesetzt. Der Vorschubweg beträgt also 50 + 5 + 5 + 20 = 80 mm.

Die Maschine ist eingestellt im ersten Arbeitsgang für eine Schnittgeschwindigkeit von 15 m/min und einem Vorschub von 0,48 mm/Umdr. Der größte zu drehende Durchmesser ist 550 mm. Nun geht man auf der Schnittgeschwindigkeitstafel Fig. 13 von der Durchmesserskala, also von 550 mm, senkrecht nach unten bis die Linie der Schnittgeschwindigkeitsskala, also 15 m/min, geschnitten wird. Man findet, daß dies in der Nähe der von links unten nach rechts oben gehenden Linie, die mit 9,3 bezeichnet ist, geschieht. Diese schräg liegenden Linien entsprechen den in der Maschine vorhandenen Umdrehungszahlen. Die Linie 9,3 verfolgt man

Minutliche Spindelumläufe				
Zwangläufige Geschw.	Riemenspannrollenhebel			Hebelstellung
	①	②	③	④	
13	20	40	70	138	Niedrige Gruppe
19	30	60	105	206	Hohe Gruppe

Vorschub/Spindelumläufe mm				
Ziehkeilstellung	Riemenspannrollenhebel			Zwangläufiger Vorschub
	⑤	⑥	⑦	
⊢▭	2,0	0,71	0,57	0,48
⊢▭	1,22	0,4	0,35	0,29
⊢▭	0,68	0,24	0,2	0,16

Tafel I. Tafel II.

Fig. 15. Tafeln zur Maschine: 200 Drehlänge, 250 Drehdurchmesser.

bis sie die entsprechende zur Vorschubskala gehörende Linie, also 0,48, schneidet und geht vom Schnittpunkt aus wieder senkrecht nach unten zur Zeitskala, die einen Wert von 152 sk für 10 mm Weg angibt. Der Gesamtweg ist 80 mm. Demnach sind für die Bearbeitung des Trommelbodens im ersten Arbeitsgang $8 \times 132 = 1056$ sk oder 17,6 min erforderlich.

Die 2. Arbeitsstufe. Die Quersupporte haben den längsten Arbeitsweg und zwar: 550 Ø weniger 110 Ø = 440 geteilt durch 2 = 220 mm.

Der Arbeitsweg der Quersupporte für die Berechnung ist also 10 mm Vorlauf + 220 mm + 5 mm Überlauf + 15 mm Zuschlag = 250 mm. Die Maschine ist so eingestellt, daß der Vorschub 0,48 mm beträgt und daß die Quersupporte von ihrer Anfangsstellung an bis zu einem Durchmesser von 190 mm, also 50 mm Weg, mit einer Spindeldrehzahl von 26 Umdr./min, von 190 mm Ø an bis 320 mm Ø, also 65 mm Weg mit 15,5 Umdr./min, von 320 mm Ø bis zur Endstellung, also 120 mm + 15 mm Zuschlag = 135 mm Weg mit 9,3 Umdr./min arbeiten. Der Quersupportweg ist, wie hieraus hervorgeht, zerlegt in 50 + 65 + 135 = 250 mm. Für die einzelnen Wege ergibt die Schnittgeschwindigkeitstafel:

```
Bei 26  Umdrehungen, 0,48 mm Vorschub,  50 mm Weg:   5,0 × 48  =  240 sk
 „  15,5      „       0,48  „      „    65  „   „    6,5 × 82  =  533 „
 „   9,3      „       0,48  „      „   135  „   „   13,5 × 132 = 1782 „
                                        ─────────────────────────────────
                                        250 mm Weg:         2555 sk = 42,5 min
```

1. Einspannung (4. Revolverseite bleibt frei).

1. Beispiel:

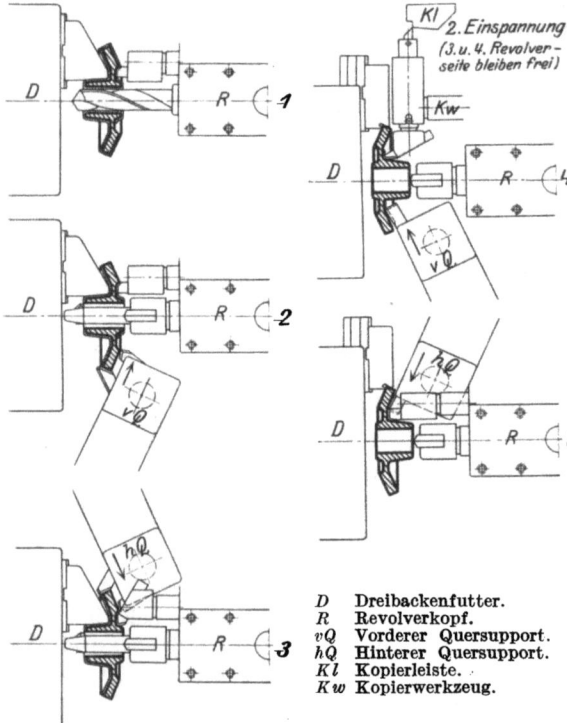

D Dreibackenfutter.
R Revolverkopf.
vQ Vorderer Quersupport.
hQ Hinterer Quersupport.
Kl Kopierleiste.
Kw Kopierwerkzeug.

Fig. 16. Werkzeugplan zum 1. Beispiel.
[Zur besseren Darstellung der Revolverwerkzeuge ist der Revolver außer in seiner wirklichen Stellung auch um seine wagerechte Achse in die Bildebene umgelegt gezeichnet (gestrichelt).]

Werkstoff: S. M. St.-Preßstück
Schnittgeschwindigkeit: 21 m/min
Vorschübe: 0,16 ÷ 0,2 mm/Umdr.
Gesamtbearbeitungszeit: $45^1/_2$ min

Die 3. Arbeitsstufe. Das Werkstück macht 73 Umdr./min und der Revolver hat einen Vorschub von 0,7 mm/Umdr. Der zu berechnende Arbeitsweg des Revolverwerkzeuges setzt sich wieder zusammen aus 5 mm Vorlauf + 40 mm Arbeitsweg + 20 mm Überlauf und Zuschlag = 65 mm. Der Zeitwert auf der Schnittgeschwindigkeitstafel ist für 10 mm Weg bei 73 Umdrehungen und 0,7 mm Vorschub: 12 sk. Der dritte Arbeitsgang dauert also $6,5 \times 12 = 78$ sk oder 1,3 min.

Die 4. Arbeitsstufe. Die Bohrung wird mit einem Vorschub von 2 mm/Umdr. bei

Weitere Beispiele.

Arbeitsplan zum 1. Beispiel.

Arbeits-stufe	Art der Bearbeitung	Zeit
	1. Aufspannung (Fig. 16 links).	
	Einspannen in das Dreibackenfutter (auf die Nabe)	1 min
1.	Aufbohren der Bohrung und Überdrehen des Bodens mit Revolverwerkzeug	$5^3/_4$ min
2.	Schruppen der Bohrung, der Stirnfläche und nochmals Überdrehen des Bodens mit Revolverwerkzeug. Schruppen des Zahnkranzes und Überdrehen des Außendurchmessers vom vorderen Quersupport aus	$9^1/_2$ min
3.	Schlichten der Bohrung, der Nabe und Schruppen des Bodens mit Revolverwerkzeug. Schlichten des Zahnkranzes und des Außendurchmessers mit hinterem Quersupport	$7^3/_4$ min
	Ausspannen	1 min
	2. Aufspannung (Fig. 16 rechts).	
	Einspannen in das Dreibackenfutter (auf dem Außendurchmesser)	1 min
4.	Vorschruppen der Nabenstirnfläche und Überdrehen der Nabe mit Revolverkopierwerkzeug. Schruppen des Zahnkranzes vom vorderen Quersupport aus	$10^3/_4$ min
5.	Schlichten der Nabe und Fertigdrehen des Bodens vom Revolver aus. Schlichten des Zahnkranzes vom hinteren Quersupport aus	$7^3/_4$ min
	Ausspannen	1 min

2. Beispiel:

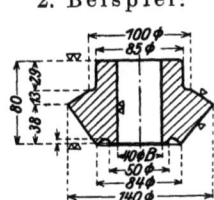

Werkstoff: Ge
Schnittgeschwindigkeit:
15—18 m/min
Vorschübe: 0,4 mm/Umdr.
Gesamtbearbeitungszeit: $15^3/_4$ min

73 Umdr./min des Werkstückes aufgerieben. Der zu berechnende Arbeitsweg ist: 5 mm Vorlauf + 40 mm Arbeitsweg + 55 mm Überlauf und Zuschlag, insgesamt also 100 mm. Die Schnittgeschwindigkeitstafel gibt für die obengenannten Werte eine Zeit von 4 sk für 10 mm Weg an. Das Aufreiben beansprucht also eine Zeit von $10 \times 4 = 40$ sk oder rund 0,7 min.
Die Gesamtbearbeitungszeit für den Trommelboden beträgt demnach: $17,6 + 42,5 + 1,3 + 0,7 = 62,1$ min.

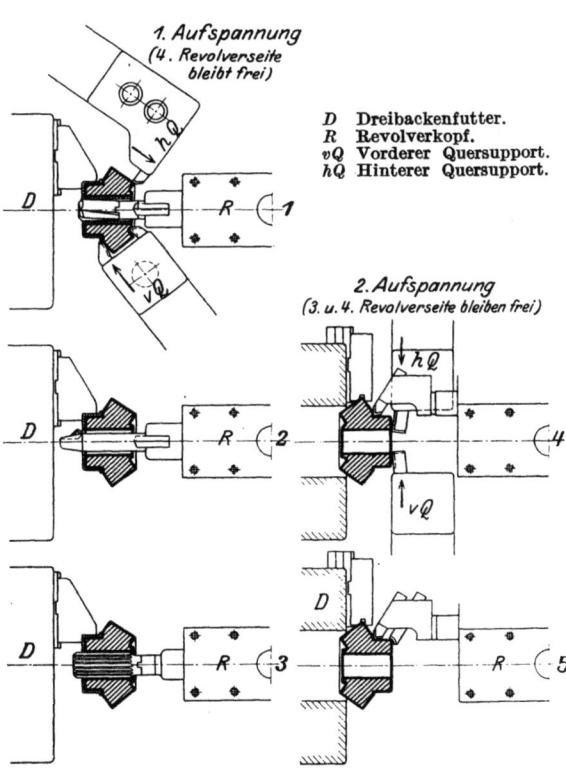

D Dreibackenfutter.
R Revolverkopf.
vQ Vorderer Quersupport.
hQ Hinterer Quersupport.

Fig. 17. Werkzeugplan zum 2. Beispiel.
[Zur besseren Darstellung der Revolverwerkzeuge ist der Revolver außer in seiner wirklichen Stellung auch um seine wagerechte Achse in die Bildebene umgelegt gezeichnet (gestrichelt).]

Für die Berechnung der Tagesleistung ist zu der reinen Laufzeit noch ein Zuschlag von 15÷20 % für Ein- und Ausspannen des Werkstückes, Umschalten der Werkzeuge, Schleifen der Stähle usw. zu machen.

IV. Weitere Beispiele.

Zwei Beispiele mögen noch die Anordnung der Revolverwerkzeuge und Quersupporte zeigen und die Ergebnisse der Zeitberechnung. Aus den folgenden Werkzeug- und Arbeitsplänen geht alles Nötige hervor.

Arbeitsplan zum 2. Beispiel.

Arbeitsstufe	Art der Bearbeitung	Zeit
	1. Aufspannung (Fig. 17 links).	
	Einspannen in das Dreibackenfutter.	1 min
1.	Schruppen der Bohrung und der Stirnfläche vom Revolver aus. Schruppen des Außenwinkels vom hinteren Quersupport aus und Schruppen der Zahnbreite vom vorderen Quersupport aus.	6 min
2.	Schlichten der Bohrung und Stirnfläche vom Revolver	$2^1/_2$ min
3.	Aufreiben der Bohrung.	$^3/_4$ min
	Ausspannen.	1 min
	2. Aufspannung (Fig. 17 rechts).	
	Einspannen in das Dreibackenfutter.	1 min
4.	Schruppen der Nabe vom Revolver aus. Schruppen der Nabenstirnfläche vom vorderen Quersupport aus und Schlichten der Nabenstirnfläche vom hinteren Quersupport aus	$1^1/_2$ min
5.	Schlichten der Nabe und Runden der Kante vom Revolver aus	1 min
	Ausspannen.	1 min

Der Mehrspindel-Halbautomat System Prentice
(Bauart Gildemeister & Comp., Act.-Ges., Bielefeld).
Von Oberingenieur A. Waßmuth.

I. Beschreibung und Arbeitsweise.

Wie die einspindligen Halbautomaten, so ist auch der Mehrspindler (Fig. 1 und 2) ausschließlich für die Bearbeitung von Guß-, Schmiede- und Preßstücken bestimmt, oder auch für solche Teile, die auf anderen Maschinen in der ersten Arbeitsstufe von der Stange bearbeitet und abgestochen wurden.

Im Gegensatz zu den meisten anderen stehen bei diesen Halbautomaten die Werkstücke still und die Werkzeuge drehen sich. Aus diesem Grunde ist es möglich, die Werkstücke, während die Werkzeuge arbeiten, ein- und auszuspannen.

Fig. 1. Mehrspindel-Halbautomat System Prentice.

Der Arbeiter ist gezwungen, die Auf- und Abspannarbeit in der von der Maschine vorgeschriebenen Zeit auszuführen, d. h. der Arbeiter ist in den Gang der Maschine eingeschaltet.

Dieser Vorteil wird dadurch erreicht, daß den vier sich drehenden Werkzeugspindeln ein mit fünf Spannvorrichtungen besetzter Revolverkopf gegenüberliegt, der gleichzeitig die Vorschubbewegung ausführt. — Während der Bearbeitungszeit wird in die jeweils obenstehende Spannvorrichtung, die keiner Werkzeugspindel gegenüberliegt, ein neues Werkstück ein- bzw. ein fertig bearbeitetes ausgespannt. Nach der Bearbeitung geht der Revolverkopf beschleunigt zurück, schaltet selbsttätig eine Teilung weiter und geht ebenfalls beschleunigt bis kurz vor die Werkzeuge vor, worauf wieder selbsttätig der langsamere Vorschub für den Arbeitsgang eingeschaltet wird. Das oben eingespannte rohe Werkstück liegt jetzt der ersten Werkzeugspindel gegenüber, das vorher hier befindliche ist vor die zweite Spindel gewandert usf. Das von der vierten Spindel bearbeitete fertige Werkstück wird an der fünften obenstehenden Spannvorrichtung ausgespannt und durch ein neues unbearbeitetes Werkstück ersetzt.

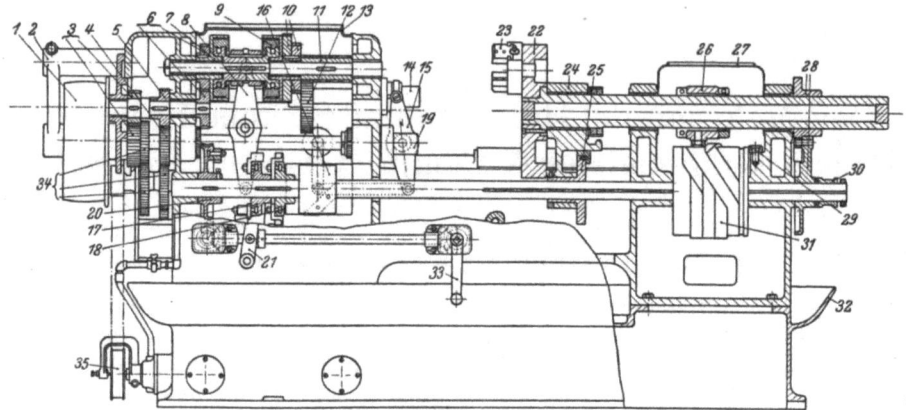

Fig. 2. Mehrspindel-Halbautomat (Längsschnitt).

1 Antriebsscheibe.
2 Stützlager.
3 Umsteckräder.
4 Antriebsrad für Werkzeugspindel.
5 Zentralrad für Werkzeugspindelantrieb.
6 Antriebsrad für Linksgang der Gewindespindel.
7 Reibungskupplung für den Ablauf der Gewindespindel.
8 Umschalthebel für Auf- und Ablauf der Gewindespindel.
9 Reibungskupplung für den Auflauf der Gewindespindel.
10 Wechselräder für Auflauf der Gewindespindel.
11 Antriebsritzel für Gewindespindel.
12 Antrieb für Gewindespindel.
13 Wegschwenkbarer Deckel.
14 Gewindespindel.
15 Hebel zum Vorschieben der Gewindespindel.
16 Kurventrommel zum Vorschieben der Gewindespindel.
17 Schaltnocken zum Auf- und Ablauf der Gewindespindel.
18 Schaltnocken zum Langsam- und Schnellgang der Steuerwelle.
19 Werkzeugspindel.
20 Schneckenradantrieb der Steuerwelle.
21 Hebel zum Ein- und Ausrücken des selbsttätigen Vorschubes u. des Handvorschubes.
22 Revolverkopf.
23 Zweibackenfutter.
24 Revolverkopfschlitten.
25 Kurvenscheibe zum Auslösen der Feststellvorrichtung für den Revolverkopf.
26 Verstellbares Lager für Kurvenrolle.
27 Abnehmbarer Deckel.
28 Malteserkreuz.
29 Rolle zur Aufnahme des Vorschubdruckes.
30 Zahnkupplung für das Malteserkreuz.
31 Auswechselbare Kurvenstücke zur Änderung des Arbeitshubes.
32 Auffangschale für Späne und Kühlflüssigkeit.
33 Kurbel für Handvorschub.
34 Antriebsräder für Vorschubgetriebe.
35 Pumpe für Kühlflüssigkeit.

Die Maschine hat entweder eine größte Drehlänge von 100 mm bei einem größten Drehdurchmesser von 110 mm oder eine größte Drehlänge von 150 mm bei einem größten Drehdurchmesser von 150 mm.

Die Maschine wird durch einen einzigen Riemen für alle Spindeln, Schalt- und Vorschubbewegungen angetrieben. Der Riemenzug wird durch ein besonderes Stützlager aufgenommen. Die Spindelgeschwindigkeiten werden durch Aufsteckräder, die nach Abnahme des Stützlagers, der Antriebsscheibe sowie eines Deckels leicht zugänglich sind, dem Werkstoff der zu bearbeitenden Werkstücke angepaßt. Auch ist es möglich durch Einbau besonderer Räder den Werkzeugspindeln sowohl gemeinsam als auch einzeln beliebige Arbeitsgeschwindigkeiten zu geben.

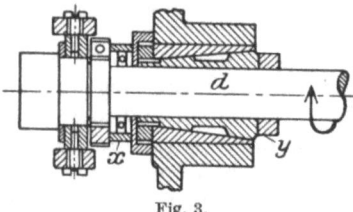

Fig. 3.

Die Werkzeugspindeln sind als Dreh- und Bohrspindeln ausgebildet. Die vierte Spindel dient zum Gewindeschneiden. Sie kann jedoch durch Anbringung eines Kugellagers x (Fig. 3) und eines geteilten Stellringes y ebenfalls als Dreh- und Bohrspindel arbeiten.

Die Werkzeugspindeln a, b, c (Fig. 4) werden von der Antriebscheibe e über die Zahnräder f, g und h (welch letztere auf den Spindeln festsitzen) angetrieben. Die Gewindespindel d hat für den Vor- und Rückgang Rechts- und Linkslauf. Der Vor- oder Rechtslauf geht von den Zahnrädern i, k, l, m durch Reibungs-

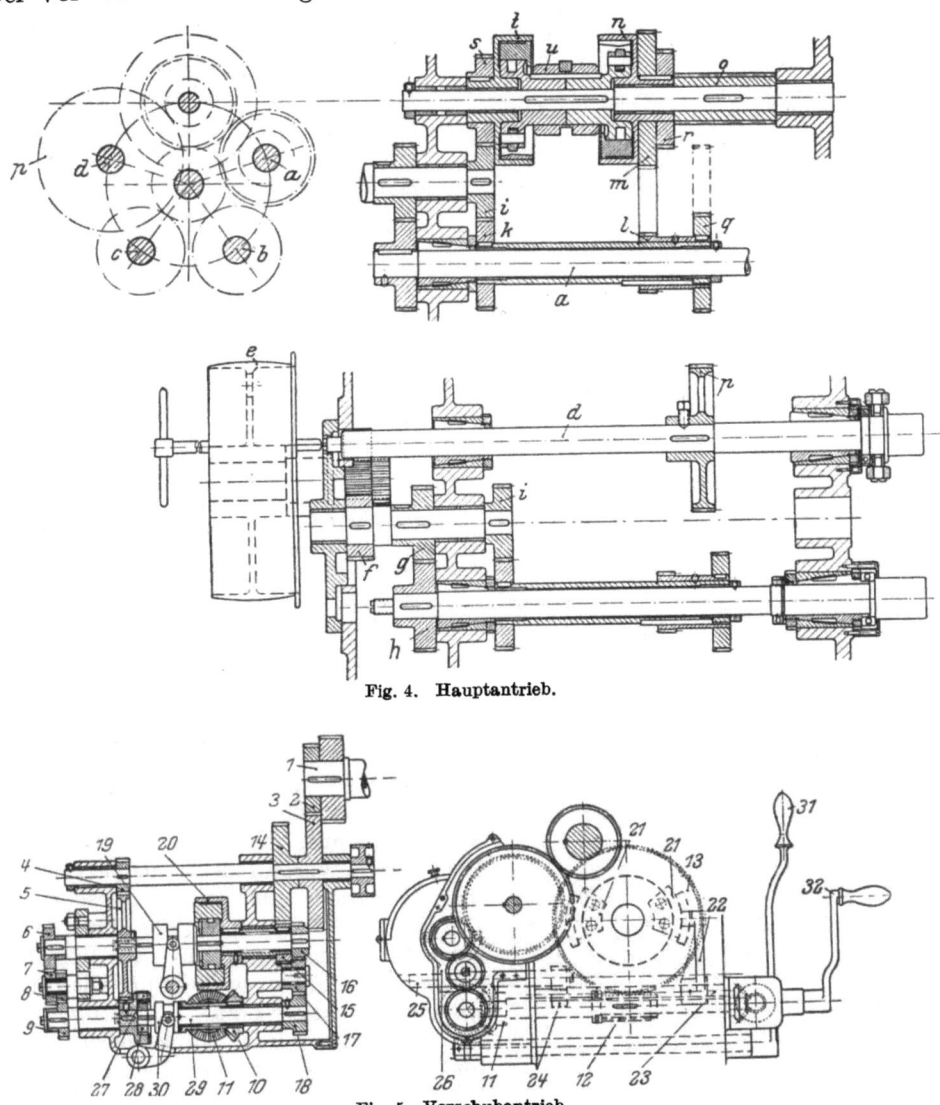

Fig. 4. Hauptantrieb.

Fig. 5. Vorschubantrieb.

kupplungen auf die Zahnräder o und p (letzteres sitzt fest auf der Spindel d) oder durch Verschieben des Räderpaares l—q kommt Rad r mit q in Eingriff und durch Reibungskupplung n werden die Zahnräder o und p angetrieben. Die Gewindeschneidspindel läuft mit $^1/_3$ oder $^1/_6$ der Umdrehungen der Antriebswelle, je nachdem ob Räder l und m oder q und r in Eingriff sind. Der Rück- oder Linkslauf wird von den Zahnrädern i und s durch Reibungskupplung t auf die Zahnräder o und p übertragen. Das abwechselnde Schalten des Rechts- und

Linkslaufes der Gewindespindel geschieht durch Verschieben der Kupplungsmuffe u. Der Umschalthebel 8 (s. Fig. 2), der in die Kupplungsmuffe u eingreift, wird durch Schaltnocken 17, die auf der Hauptsteuerwelle sitzen, gesteuert.

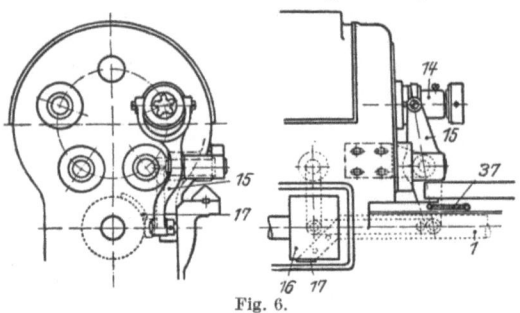

Fig. 6.

Das Vorschubgetriebe erhält seinen Antrieb von dem Zahnrad 2 (Fig. 5), das fest auf der Hauptantriebswelle 1 sitzt. Der langsame Vorschubgang wird von den Räderpaaren 2, 3, 4, 5, den Wechselrädern 6, 7, 8, 9, den Kegelrädern 10, 11 und dem Schneckengetriebe 12, 13 erzeugt. Der Schnellgang geschieht durch die Räderpaare 14, 15, 16, 17, 18, den Kegelrädern 10, 11 und dem Schneckengetriebe 12, 13. Umgeschaltet wird automatisch, und zwar durch Einrücken der Kupplungsmuffe 19 in die Reibungskupplung 20, indem der Schaltknaggen 21 über den Hebel 22, Welle 23, zwei Zahnsegmente 24, Welle 25, die Kupplungsgabel 26 der Muffe 19 verschiebt. Durch Lösen der Reibungskupplung 20 nimmt das während des Schnellganges langsam laufende Sperradgehäuse Klinke 27 und Sperrad 28 mit, das auf der Welle 29 sitzt. Der weitere Verlauf des Antriebes ist bereits bei dem Schnellgang beschrieben. Durch Zahnkupplung 30, die durch Handhebel 31 bewegt wird, wird das Vorschubgetriebe ein- und ausgerückt und die Hauptsteuerwelle stillgesetzt. Von Hand wird der Vorschub durch Handkurbel 32 ein- und ausgerückt, nachdem durch Handhebel 31 die Zahnkupplung 30 außer Eingriff gebracht ist.

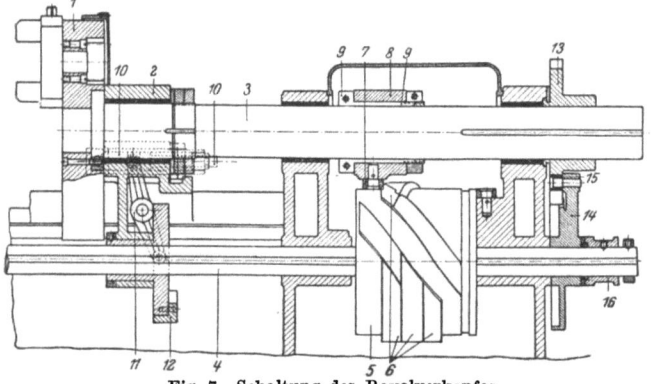

Fig. 7. Schaltung des Revolverkopfes.

Fig. 8. Revolverkopf mit Spannfuttern.

Durch Auswechseln der Räder 6, 7, 8, 9 kann der Vorschub für den Arbeitsgang dem Werkstück entsprechend beliebig geändert werden. Den Maschinen werden zu diesem Zweck 6 Wechselräder beigegeben, durch deren verschiedenartige Zusammensetzung die Zeit, die für 1 Umdrehung der Steuerwelle nötig ist, verändert wird.

Beschreibung und Arbeitsweise.

In nachfolgender Wechselrädertabelle sind die verschiedenen Zeiten ersichtlich. Der Einfachheit halber ist dabei angenommen, daß $1/2$ des Umlaufs der Steuerwelle für den Arbeitsgang und $1/2$ für den Rücklauf benutzt wird. Dies ist selbstverständlich dem jeweiligen Arbeitsstück entsprechend zu verändern.

Wechselrädertabelle.

Werkzeugspindeln Antriebsscheibe macht 400 Umdr./min			Steuerwelle $1/2$ Umdr. schnell, $1/2$ Umdr. langsam 1 Umdrehung der Steuerwelle = Arbeitsdauer für 1 Werkstück								
Umdr. d. Spindeln	Räder		Arbeitsdauer f. 1 Werkstück	Räder				Arbeitsdauer f. 1 Werkstück	Räder			
	a	b	sk	c	d	e	f	sk	c	d	e	f
147	28	64	11	60			30	30,6	30			50
163	30	62	11,5	60	22	50	80	31	80	60	22	50
179	32	60	12,5	50			30	33,5	22			40
197	34	58	13	80			50	36,5	30			60
216	36	56	13,8	60			40	38,5	30	40	50	80
236	38	54	14,9	30			22	40,4	60	50	30	80
258	40	52	15,2	80			60	41	22			50
282	42	50	16	60	30	50	80	43,5	40	60	50	80
308	44	48	16,5	60			50	48	30			80
336	46	46	17,9	22	40	60	30	50	22			60
367	48	44	18,4	80	60	40	50	54	22	50	60	80
400	50	42	19	60	22	30	80	57	30	60	50	80
437	52	40	19,8	80	30	22	60	63	22			80
478	54	38	20,6	50	40	60	80	76	22	60	50	80
522	56	36	23	50			60	80	22	50	40	80
573	58	34	23,7	40			50	84	22	40	30	80
631	60	32	25	60			80	94	22	60	40	80
695	62	30	28	40			60	105	22	50	30	80
770	64	28	30	50			80	125	22	60	30	80

Normal-Zubehör 1 Paar Wechselräder

Umdr. der Spindeln bis 85.
Gewindeschneid-Spindel:
auflaufend: $1/3$ oder $1/6$ der Umdr. der Spindeln
ablaufend: $1/3$ der Umdrehungen der Spindeln
Schnellbohrspindel: $1/2$ od. $1/3$ d. Umdr. d. Spindeln

Wechselräder (Modul 2)
22, 30, 40, 50, 60, 80 Zähne.

Das Verhältnis der Wechselräderübersetzung $\frac{c}{d} \cdot \frac{e}{f}$ darf nicht größer sein als $\frac{6,8}{1}$.

Das Gewinde wird stets mit der Gewindespindel d (Fig. 3) geschnitten, die unabhängig von den anderen Arbeitsspindeln vorgeschoben und zurückgezogen wird. Das Gewinde erhält die hin und her gehende Bewegung durch die Kurventrommel *16* (Fig. 6) auf Steuerwelle *1*, die durch das Kurvenstück *17* den Hebel *15* vordrückt, der mit einem Bronzering in die Gewindespindel *14* eingreift. Bei Beginn des Arbeitshubes wird dadurch das Gewindeschneidwerkzeug an das Arbeitsstück angedrückt und nach erfolgtem Anschneiden durch die Gewindegänge selbst vorgezogen. Nach beendigtem Gewindeschneiden und erfolgter Umschaltung der Gewindespindel zum Linksgang wird der Hebel *15* und damit auch die Gewindespindel *14* durch die Feder *37* zurückgezogen.

Fig. 7 und 8 zeigen den Revolverkopf mit Spannvorrichtungen, die Lagerung, Verriegelung und Schaltung.

Der Revolverkopf *1* (Fig. 7) ist aus geschmiedetem Stahl hergestellt und in einem Schlitten *2* gelagert, der auf aufgeschraubten Stahlprismen hin und her gleitet. Die Revolverkopfspindel ist dreimal gelagert. Der Revolverkopf erhält die Vorschubbewegung durch die auf der Steuerwelle *4* sitzende Kurventrommel *5*, die durch die Kurvenleisten *6* die daran entlang gleitende Rolle *7* vordrückt und zurückzieht. Die Rolle *7* sitzt an dem Rollenträger *8*, der durch Klemmbüchse *9* auf der Revolverkopfspindel *3* verschiebbar befestigt ist. Durch Verschieben des Rollenträgers *8* auf der Spindel *3* kann der Arbeitshub näher an die Arbeitsspindel verlegt werden oder weiter davon ab. Eine Vergrößerung oder Verkleinerung des Hubes, der Länge des Arbeitsstückes entsprechend, wird durch Abnehmen oder Aufsetzen der Kurvenstücke *6* erreicht, gemäß der Skizze Fig. 9 über die Kurvenanordnung.

Der Revolverkopf wird selbsttätig geschaltet mit Hilfe des bekannten Malteserkreuzes, und zwar dadurch, daß der sich drehende Hebel *14* (Fig. 7), der auf der Steuerwelle *4* sitzt, mit einer Rolle *15* nacheinander in die fünf Schlitze des Malteserkreuzes *13* eingreift. Vor Beginn der Schaltung wird der Revolverkopf mit Hilfe der Nocken *12* und des Hebels *11*, der in die Feststellbolzen *10* eingreift, entriegelt. Nach der Schaltung schnappen die Feststellbolzen durch starken Federdruck in die Rasten des Revolverkopfes ein und verriegeln ihn. Die Malteserkreuzanordnung hat den Vorteil, daß mit langsamer, allmählich zu- und dann wieder abnehmender Geschwindigkeit geschaltet wird. — Die Schaltung ist infolgedessen stoßfrei.

II. Das Einrichten der Maschine.

Allgemeines.

Ist ein Werkstück in bezug auf seine Größenabmessungen, Anordnung und Lage der zu bearbeitenden Flächen und Bohrungen für die Bearbeitung auf einem Mehrspindelhalbautomaten geeignet, so ist es zweckmäßig, in Form eines Werkzeugeinstellungsplanes die Bearbeitungsfolge, die Spannvorrichtung und die Ausführung der Werkzeuge für jede Arbeitsstufe zeichnerisch festzulegen. Bei der Verteilung der Werkzeuge auf die vier Arbeitsspindeln ist zu beachten, daß die Zeit für die Bearbeitung eines Werkstückes sich nach dem Arbeitsweg richtet.

Um einen möglichst kurzen Arbeitsweg zu erzielen, ist es oft angebracht, die Bearbeitung langer Bohrungen oder breiter Flächen zu unterteilen und auf zwei Werkzeugspindeln vorzunehmen.

Bei der Konstruktion der Werkzeuge ist auf leichte und bequeme Einstellbarkeit der einzelnen Stähle zueinander und vielseitige Verwendbarkeit auch für anders gestaltete Werkstücke Rücksicht zu nehmen.

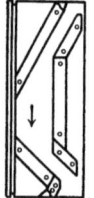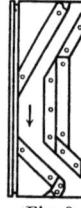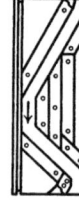

Fig. 9.

Zu beachten ist, daß auf der ersten Werkzeugspindel möglichst alle Flächen und Ansätze vorgeschruppt werden und die Bohrung angekörnt oder vorgebohrt wird, damit die Werkzeuge auf der zweiten und dritten Spindel nur auf blankem Werkstoff arbeiten, infolgedessen nicht so schnell stumpf werden. Auf der vierten Spindel wird Gewinde geschnitten, es kann jedoch auch diese Spindel, wie bereits im ersten Abschnitt beschrieben, als Dreh- und Bohrspindel ausgebildet werden.

Vorstehende Wechselrädertabelle gibt die Umlaufszahl der Spindeln an, die mit Hilfe der beigegebenen Wechselräder erreicht werden. Das Umstecken der

Räder ist bereits im ersten Abschnitt, S. 48, beschrieben. Das Einstellen des Vorschubes des Revolverschlittens von langsam auf schnell geschieht durch Schaltknaggen *21* (Fig. 5). Die Handkurbel *32* ermöglicht es, den Revolverschlitten von Hand zu bewegen und die Stellung der Schaltknaggen *21*, und somit die Umschaltung vom langsamen Vorschub auf schnellen Rücklauf bzw. schnellen Vorwärtsgang bis kurz vor das Werkstück genau festzustellen.

Die Kurventrommel *5* (Fig. 7) trägt Kurvenleisten, die je nach der Größe des Arbeitshubes angeordnet werden (s. Kurvenanordnung Fig. 9). Es werden drei verschiedene Kurven für drei verschieden lange Arbeitshübe des Revolverkopfes mitgeliefert.

Beispiele.

Als 1. Arbeitsbeispiel sei die Fertigstellung eines Wassermessergehäuses (s. Arbeitsplan Fig. 10) gezeigt. — Da bei diesen Automaten die Einspannzeit in die Arbeits-

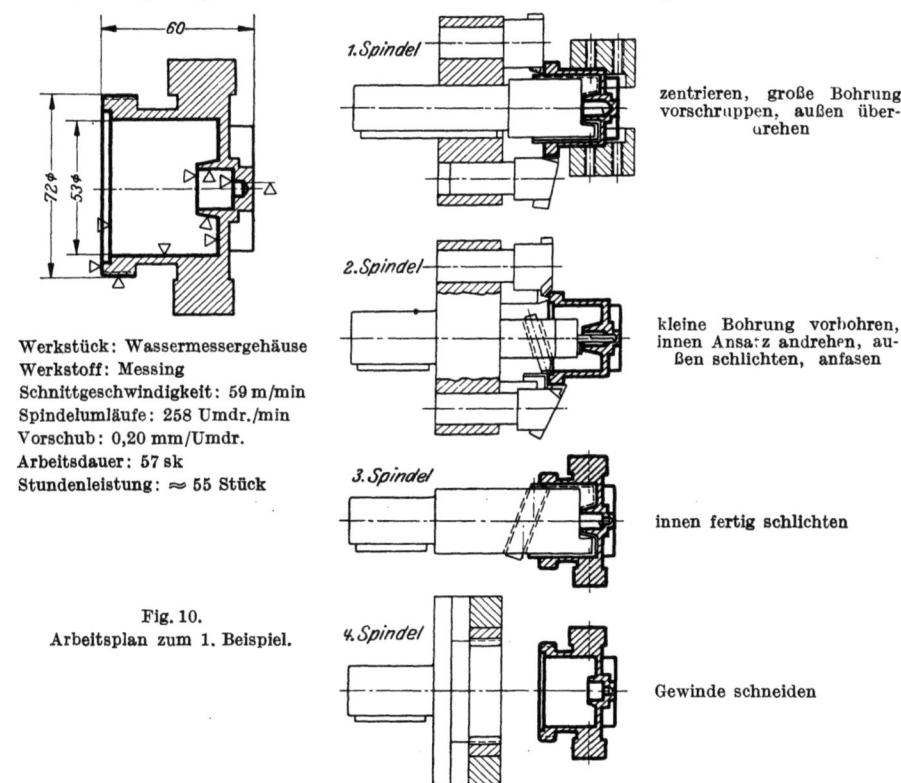

Werkstück: Wassermessergehäuse
Werkstoff: Messing
Schnittgeschwindigkeit: 59 m/min
Spindelumläufe: 258 Umdr./min
Vorschub: 0,20 mm/Umdr.
Arbeitsdauer: 57 sk
Stundenleistung: ≈ 55 Stück

Fig. 10.
Arbeitsplan zum 1. Beispiel.

zeit fällt, die Maschine also zum Auswechseln des fertiggestellten Arbeitsstückes gegen ein Rohmuster nicht stillgesetzt zu werden braucht, ist auch bei diesen Automaten, ebenso wie bei Automaten für Stangenarbeiten, der größte zu bearbeitende Durchmesser sowie der längste Arbeitsweg für die zur Fertigstellung der Arbeitsstücke benötigte Zeit bestimmend.

Der größte zu drehende Durchmesser beträgt = 72 mm. Der längste Arbeitsweg plus 3 mm Zugabe = 49 mm. Bei einer für Messing zulässigen Schnittgeschwindigkeit von 59 m/min ergibt sich eine Drehzahl für die Arbeitsspindeln von 258 in der Minute. — Bei Annahme eines Vorschubes von 0,20 mm/Umdr.

ergibt sich bei 49 mm Arbeitsweg eine Arbeitszeit von 57 sk, was einer Stundenleistung im Durchschnitt von etwa 55 Stück entspricht.

Für das 2. Beispiel geht alles Nötige aus dem Arbeitsplan Fig. 11 hervor.

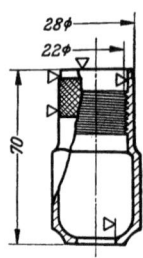

Werkstück: Bohrfutterhülse
Werkstoff: Temperguß
Schnittgeschwindigkeit: 25 m/min
Spindelumläufe: 282 Umdr./min
Vorschub: 0,26 mm/Umdr.
Arbeitsdauer: 35 sk
Stundenleistung: ≈ 100 Stück

Fig. 11.
Arbeitsplan zum 2. Beispiel.

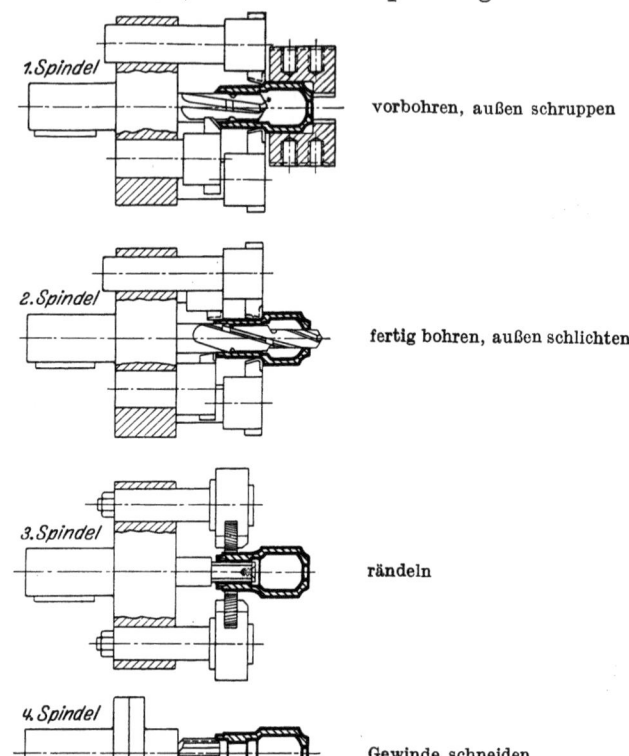

vorbohren, außen schruppen

fertig bohren, außen schlichten

rändeln

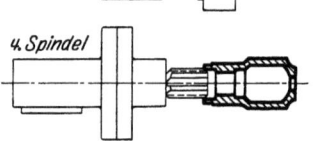

Gewinde schneiden

Verlag von Julius Springer / Berlin

WERKSTATTBÜCHER
FÜR BETRIEBSBEAMTE, VOR- UND FACHARBEITER
HERAUSGEGEBEN VON EUGEN SIMON, BERLIN

In Vorbereitung bzw. unter der Presse befinden sich:

Modell- und Modellplattenherstellung für die Maschinenformerei. Von Fr. u. Fe. Brobeck.
Stanztechnik I und II. Von Dipl.-Ing. Erich Krabbe.
Stanztechnik III. Von Dr.-Ing. Walter Sellin.
Gesenkschmiede II. Von Ing. Walter Gott.
Die Getriebe der Werkzeugmaschinen I. Von Dr.-Ing. W. Pockrandt.
Feilen. Von Dr.-Ing. Bertold Buxbaum.
Vorzeichnen im Kessel- und Apparatebau. Von Arno Dorl.
Maschinenformerei. Von Tillmann.

Die Werkzeugmaschinen, ihre neuzeitliche Durchbildung für wirtschaftliche Metallbearbeitung. Ein Lehrbuch von Prof. **Fr. W. Hülle**, Dortmund. Vierte, verbesserte Auflage. Mit 1020 Abbildungen im Text und auf Textblättern sowie 15 Tafeln. VIII, 611 Seiten. 1919. Unveränderter Neudruck 1923. Gebunden RM 24.—

Die Arbeitsgenauigkeit der Werkzeugmaschinen. Von Professor Dr.-Ing. **G. Schlesinger**, Berlin. Mit 31 Abbildungsgruppen. 40 Seiten. 1927.
Gebunden RM 6.—; durchschossen RM 7.—

Die Bohrmaschine, ihre Konstruktion und ihre Anwendung. Gesammelte Arbeiten aus der Werkstattstechnik, VI. bis XVII. Jahrgang 1912 bis 1923. Herausgegeben von Prof. Dr.-Ing. **G. Schlesinger**, Berlin. IV, 158 Seiten. 1925. RM 15.—

Wirtschaftliches Schleifen. Gesammelte Arbeiten aus der Werkstattstechnik, XI. bis XV. Jahrgang, 1917 bis 1921. Herausgegeben von Prof. Dr.-Ing. **G. Schlesinger**, Berlin. Mit 467 Textabbildungen. IV, 103 Seiten. 1921. RM 4.—

Schmieden und Pressen. Von **P. H. Schweißguth**, Direktor der Teplitzer Eisenwerke. Mit 236 Textabbildungen. IV, 110 Seiten. 1923. RM 4.—

Handbuch der Fräserei. Kurzgefaßtes Lehr- und Nachschlagebuch für den allgemeinen Gebrauch. Gemeinverständlich bearbeitet von **Emil Jurthe** und **Otto Mietzschke**, Ingenieure. Sechste, durchgesehene und vermehrte Auflage. Mit 351 Abbildungen, 42 Tabellen und einem Anhang über Konstruktion der gebräuchlichsten Zahnformen an Stirn-, Spiralzahn-, Schnecken- und Kegelrädern. VIII, 334 Seiten. 1923. Gebunden RM 11.—

MIX
Papier aus verantwortungsvollen Quellen
Paper from responsible sources
FSC® C105338

If you have any concerns about our products,
you can contact us on
ProductSafety@springernature.com

In case Publisher is established outside the EU,
the EU authorized representative is:
**Springer Nature Customer Service Center GmbH
Europaplatz 3, 69115 Heidelberg, Germany**

Printed by Libri Plureos GmbH
in Hamburg, Germany